U0251642

编委会

主　编： 李　敏

副主编： 衡　洁

参　编： 王小萌　钟雪洁　朱禹璇

叶　绿　张玄雨

网络空间安全教育教程

主编 ◎ 李敏

四川大學出版社
SICHUAN UNIVERSITY PRESS

图书在版编目（CIP）数据

网络空间安全教育教程 / 李敏主编. — 成都 : 四川大学出版社，2023.9

ISBN 978-7-5690-6313-4

Ⅰ. ①网… Ⅱ. ①李… Ⅲ. ①计算机网络－网络安全－教材 Ⅳ. ① TP393.08

中国国家版本馆 CIP 数据核字 (2023) 第 154181 号

书　　名：网络空间安全教育教程
　　　　　Wangluo Kongjian Anquan Jiaoyu Jiaocheng

主　　编：李　敏

选题策划：梁　平
责任编辑：梁　平
责任校对：李　梅
装帧设计：裴菊红
责任印制：王　炜

出版发行：四川大学出版社有限责任公司
　　　　　地址：成都市一环路南一段 24 号（610065）
　　　　　电话：（028）85408311（发行部）、85400276（总编室）
　　　　　电子邮箱：scupress@vip.163.com
　　　　　网址：https://press.scu.edu.cn
印前制作：四川胜翔数码印务设计有限公司
印刷装订：成都市新都华兴印务有限公司

成品尺寸：185mm×260mm
印　　张：7
字　　数：133 千字

版　　次：2024 年 1 月 第 1 版
印　　次：2024 年 1 月 第 1 次印刷
定　　价：35.00 元

扫码获取数字资源

四川大学出版社
微信公众号

前 言

随着信息网络技术的飞速发展，网络空间已然成为继陆海空天之后的第五大战略空间。大部分国家都把建设网络空间安全上升到国家战略的层面。

作为网络发源地的美国是最早重视网络安全建设与发展的国家。2011 年 7 月，美国国防部发布《网络空间行动战略》，明确提出国防部的首要任务是时刻准备保卫美国本土及重要利益，使之免遭可造成严重后果的网络攻击。目前美国已形成世界上最完善、最体系化的网络空间安全战略。

2011 年 11 月，英国发布《网络空间安全战略：在数字世界里保护并促进英国的发展》，文件前言指出：互联网的发展已经成为最大的社会和技术变革，由于我们不断增强对网络空间的依赖，新的风险也随之产生，即我们现在所依赖的关键数据和系统可能被盗用或损坏，并且难以对这种行为进行检测或抵御，因而加强网络空间安全建设势在必行。

2013 年 2 月，欧盟颁布《欧盟网络安全战略：公开、可靠和安全的网络空间》，概述了欧盟在网络空间的相关规划及愿景，明确了任务和职责，并列出了为有效保护并提升公民权利获得感所需采取的行动，从而使欧盟的网络环境成为全世界的安全典范。

2013 年 8 月，俄罗斯颁布《2020 年前俄罗斯联邦国际信息安全领域国家政策框架》，明确了在国际信息安全领域面临的主要威胁，以及相关国家政策的目标、任务、优先发展方向和实现机制等。2014 年 1 月，俄罗斯又发布《俄罗斯联邦网络安全战略构想》，进一步完善了国家网络空间安全战略构架。

我国一直高度重视互联网技术的应用和发展。随着互联网技术逐步深入应用到各个领域，网络空间安全给我国带来的挑战和风险也越来越大。2014 年 2 月 27 日，中央网络安全和信息化领导小组第一次会议召开，会议强调，网络安全和信息化是事关国家安全和国家发展、事关广大人民群众工作生活的重大战略问题，要从国际国内大势出发，总体布局，统筹各方，创新发展，努力把我国建设成网络强国。自此，网络强国上升为国家重要发展战略，我国网络强国之路正式开启。

我国的《国家网络空间安全战略》于2016年12月27日发布并实施。《国家网络空间安全战略》提出，要以总体国家安全观为指导，贯彻落实创新、协调、绿色、开放、共享的发展理念，增强风险意识和危机意识，统筹国内国际两个大局，统筹发展安全两件大事，积极防御、有效应对，推进网络空间和平、安全、开放、合作、有序，维护国家主权、安全、发展利益，实现建设网络强国的战略目标。

我国对网络的高度依赖，增加了我国在抵御网络安全威胁上的难度。网络安全和信息化对一个国家很多领域而言都是牵一发而动全身的。这不仅突出了网络安全对国家安全的重要性，也敦促我们认清当前我国网络安全空间所面临的威胁。

从我国的生存与发展的角度来讲，全方位建设网络强国已经刻不容缓。网络安全建设包含多个领域，对网络安全知识的普及也是建设国家网络空间安全的重要领域之一。

以美国为例，美国非常重视通过学校开展网络空间安全意识教育，从小培养公众的网络安全意识。2013年，美国从幼儿园开始就开设了网络空间安全课程，在PRE－K12教育（美国从幼儿园到12年级的教育，即基础教育的统称）中增加网络空间安全知识内容，并通过制定激励计算机科学和网络空间安全学习的教育标准，来培养学生对网络空间安全知识的兴趣，为培养具有网络安全意识的守法网络公民做好准备。

因此，我国2016年出台的《国家网络空间安全战略》明确提出，要实施网络安全人才工程，加强网络安全学科专业建设，打造一流网络安全学院和创新园区，形成有利于人才培养和创新创业的生态环境。办好网络安全宣传周活动，大力开展全民网络安全宣传教育。推动网络安全教育进教材、进学校、进课堂，提高网络媒介使用素养，增强全社会网络安全意识和防护技能，提高广大网民对网络违法有害信息、网络欺诈等违法犯罪活动的辨识和抵御能力。

与美国从2013年起就在幼儿园开展网络空间安全课程相比，我国在这方面的建设不但起步很晚，而且落后很多。随着2018年网络空间安全学被设立为一级学科，我国很多高校才逐渐开始设立这门学科的本科专业。网络空间安全本科专业的建设，主要是为了解决培养技术工程人员的问题，普及网络安全的基础知识，提高全民的网络安全意识，在学生心中播下希望的种子，让其能在将来成为我国网络空间安全领域的科学家、高级工程师、网络战专家。

本书以教育部2020年发布的《大中小学国家安全教育指导纲要》中网络安全教育的内容为依据，由浅入深，分难度分层次设计网络空间安全教育教程，内容覆盖网络基础设施、网络运行、网络服务、信息安全、网络犯罪威胁以及网络空间主权意识等多个领域的相关知识，让《大中小学国家安全教育指导纲要》得以贯彻落实、真正落地。

本书将从网络空间安全概论、网络空间安全主要研究领域、网络空间安全面临的主要威胁与挑战、网络空间安全策略四个方面展开科普教学，让学生对网络安全有更深刻的理解和认知，从而激发其对于网络安全学习的兴趣。

目　录

1 概论

1.1 引言

目前，网络空间安全是国家重点发展的项目之一，随着互联网的广泛应用，这个非传统的安全领域变成了脆弱的信息中枢，在保护着国家安全的同时，也需要受到极为严密的保护。一般来说，由于网络对相关信息的传播较为迅速，而开放性的网络又极其容易被不法人员利用，因此不仅能将谣言快速地在国民之间进行传播，还会对社会产生不良影响，同时大范围的传播还有可能引发社会动荡以及人民的不安，对社会的政治稳定造成不良影响。举例来说，世界恐怖主义组织——基地组织就曾经利用网络信息的安全漏洞进行恐怖人员的招募，而许多相关的袭击口令也是通过网络发布的。由此可见，网络空间极为重要，一旦疏于管理，就有可能被不法组织利用，成为危害公民以及社会的工具。对网络空间安全的治理现已成为国家以及相关部门的重点研究方向，做好网络空间安全的保护工作是构建一个和谐社会的重要基础以及国家的重要保护屏障。

本章将围绕网络空间安全概述及发展情况研究、国家网络主权概述及思维建立、网络空间安全对经济社会稳定运行的影响、网络空间安全对广大人民群众的生活的影响四个方面展开介绍。

1.2 网络空间安全概述及发展情况研究

1.2.1 网络空间安全的定义

网络空间安全是指网络系统的硬件、软件及其系统中的数据受到保护，不因偶然的或者恶意的因素而遭受到破坏、更改、泄露；系统连续可靠正常地运行，网络服务不中断。网络空间安全的基础是密码学，与信息安全和网络安全相比，网络空间安全不仅关注传统信息安全所研究的信息的保密性、完整性和可用性，同时还关注构成网络空间的基础设施的安全性和可信性，以及网络对现实社会安全的影响。网络空间安全主要研究网络空间中的信息在产生、存储、传输、处理等环节所面临的威胁和防御措施，以及网络和系统本身的威胁和防护机制。

网络空间已经逐步发展成为继陆海空天之后的第五大战略空间，是影响国家安全、社会稳定、经济发展、文化传播、个人利益的核心、关键和基础。维护它的安全至关重要，目前也存在一些急需解决的重大问题。

1.2.2 我国网络空间安全的发展历程

网络空间安全的发展理念诞生于美国。2003 年 2 月，美国政府发布了《保护网络空间安全国家战略》。2005 年 4 月，美国政府总统信息技术顾问委员会发布了《网络空间安全：先考虑的危机》的报告。2006 年 4 月，美国国家科学技术委员会发布了网络空间安全和信息保障跨部门工作组提交的《联邦政府网络空间安全和信息保障研发计划》。这三份文件提出了先进的网络空间安全的全新理念，对我国网络空间安全的治理具有借鉴意义。

从 1995 年国内市场上首次出现专配 x86 计算机的防病毒卡至今，我国信息安全建设已走过了二十多年的历程。回顾这个历程，可以清晰地看出我国网络空间安全建设发展的阶段性和特点。具体来说，我国网络空间安全发展分为以下几个阶段。

1. 第一阶段：网络空间安全建设启蒙期和发展期

我国信息安全建设开始于 20 世纪 90 年代后期，随着各行业网络信息化建设的发展，网络空间安全的理念也得到了广泛的认可。这一时期，为了抵御一般网络黑客和病毒的攻击，许多单位开始在自身网络上部署网闸、防火墙、入侵检测、虚拟专用网、防病毒等安全防护产品和设备。同时，国内出现了一大批新兴的信息安全相关产品研发和生产企业，并创新性地自主开发出我国自己的内网安全管理、桌面安全管理和信息安全审计等安全产品与系统，弥补了我国网络安全管理的短板，推动了国内自主网络安全产品和系统的研发及产业化。经过十年的建设发展，我国的网络安全生产制造产业已初具规模，涌现出江民科技、瑞星、启明星辰、天融信、绿盟科技等网络安全龙头企业。在此期间，公安部牵头组织了信息安全标准化委员会，开始了基于等级保护的网络安全技术标准的编撰工作。仅用三年时间，就编制出了二十多个网络安全设备的服务和技术标准与规范，为促进我国网络安全的建设奠定了良好的标准基础。

2. 第二阶段：网络空间安全建设中期和稳定期

从2006年开始，我国网络安全事业取得了长足的进步，呈现出欣欣向荣的景象。工业和信息化部（简称工信部）信息安全协调司提出了网络安全建设的目标（推进各行业等级保护定级及整改并重点开展工业控制系统信息安全防护工作）、政府职责（强化安全产品市场准入检测制度和组织专业机构对重要信息系统进行年度安全检查）以及网络安全技术开发的重点领域，对我国网络安全规划和建设提供了有力指导。与此同时，国家发展和改革委员会高新司每年拨出专款，组织扶持了一批有创新、有技术、有市场但缺少资金的中小民营网络安全企业，实质性地推动了一批技术含量高、市场紧缺并拥有自主知识产权的网络安全产品和系统的产业化进程。这一措施，既取得了良好的市场效益，也提高了我国网络安全设备国产化的比率。

21世纪初，一些不良厂商为了追求自身利益，制造了许多恶意软件。用户在不知情的情况下安装后，将会出现很难卸载，还不断会有广告弹出等恶意行为。

2006年，国家开始对恶意软件（俗称流氓软件）进行治理。为了有效治理这些软件，中国互联网协会组织市场上多数主流互联网企业开展了行业自律行为，并对恶意软件给出了有效定义与界定。同时，中国互联网协会还邀请了律师和法院的相关代表参加讨论。自此以后，我国的恶意软件开始减少。这是一个非常典型的由行业协会出面，对我国网络安全进行治理的成功案例。

3. 第三阶段：网络空间安全建设深化期

2013年，国家成立了中央网络安全和信息化领导小组。这表明国家对网络空间安全的重视程度上升到了一个新的高度。2015年7月，全国人大初次审议了《网络安全法（草案）》。该法案也成为我国网络空间治理的指导性思想，对我国网络空间安全的建设发展提供了法律上的依据。2016年4月，中央网络安全和信息化领导小组举办工作座谈会，对我国网络安全建设提出了四点重要要求：第一，树立网络安全观；第二，加快构建关键信息基础设施安全保障体系；第三，全天候、全方位感知网络安全态势；第四，增强网络安全防御能力和威慑能力。这四条也成为国家网络空间安全建设的目标和方向。

4. 第四阶段：国家网络空间安全战略阶段

2016年12月27日，国家互联网信息办公室发布了《国家网络空间安全战略》。国家互联网信息办公室发言人表示，该战略贯彻落实了网络强国战略思想，阐明了中国关于网络空间发展和安全的立场和主张，明确了战略方针和主要任务，切实维护了国家在网络空间的主权、安全、发展利益，是指导国家网络安全工作的纲领性文件。

可以说，这是我国网络空间安全主张全面、系统、深入实施的具体体现，是建成网络强国的战略步骤，必将推动我国网络空间安全发展进入崭新的阶段。从《网络安全法》获得通过到《国家网络空间安全战略》的发布，网络空间安全战略的提出反映了公众关切、国家发展和国际合作等广泛的多方面需求。

1.2.3 网络空间安全的前沿技术情况

随着网络安全事件在数量和规模上的迅速增长，许多前沿技术也在不断更新与发展。

1. 加密技术的不断突破

加密技术被广泛应用于现代通信中，它可以确保信息传输的安全性。在互联网上，SSL协议、WPA2协议等加密技术已经被广泛使用。但是，随着计算机算力的提高和攻击技术的不断发展，许多加密技术已经无法满足当今安全需求。因此，人们正在研发一些更加先进的加密技术来保护网络空间安全。其中，最为引人瞩目的一项技术是量子密码。量子密码是一种基于量子力学原理的加密技术，具有非常高的安全性。只要有人窃取了密钥，加密信息就会立刻被损坏，因此无法被窃取。虽然这项技术目前仍存在许多挑战和限制，但随着科技的进步和推广，其应用前景十分广阔。

2. 人工智能技术的应用

人工智能技术已经发展到了一个越来越普及的阶段，正在逐步影响各行各业。在网络空间安全领域，人工智能技术也是如此。人工智能技术可以识别、分析和应对网络空间安全威胁，并且可以快速地反应和处理这些威胁。

机器学习技术在网络空间安全领域也得到了广泛应用。例如，可以利用机器学习技术来预测恶意软件的行为，从而提前采取措施。此外，在大型网络数据分析中，机器学习技术可以帮助安全人员快速发现和识别异常行为，及时解决网络威胁。

3. 区块链技术的应用

区块链技术是一种去中心化的数据库技术，已经被广泛应用于数字货币、智能合约等领域。在网络空间安全领域，区块链技术也得到了应用。区块链技术的特点是去中心化，信息无法被篡改，并且可以追溯每一次修改行为。

区块链技术可以被用于身份验证和授权。例如，在分布式网络中，通过使用区块链将身份认证信息分散存储到多个节点上，可以有效提高身份验证的安全性。此外，区块链技术也可以被用于安全审计，帮助发现网络中的异常行为。

4. 云安全技术的发展

云计算技术是十分流行的一项技术，它带来了很多方便。但是，云计算也存在着一定的安全风险。随着云计算的发展，云安全技术的发展也越来越迅速。

云安全技术可以帮助用户更好地保护数据的安全性，并且可以迅速响应网络威胁。其中，云身份和访问管理技术（IAM），可以帮助用户更好地管理身份和资源访问权限，从而降低网络空间安全风险。

总之，随着技术的不断进步，网络空间安全的形势也在不断地发生变化。新的安全威胁不断涌现，网络空间安全技术也在不断地发展和创新。未来的网络空间安全技术将会更加自适应和自动化，为用户提供更加完善和全面的保护。

1.2.4 我国网络空间安全的发展趋势

党的二十大报告明确提出，以新安全格局保障新发展格局，作为大安全观下细分的网络安全服务踩在时代的节点上。2022 年，我国首次推出关于开展网络安全服务认证工作的实施意见，这是继《网络安全法》《数据安全法》《个人信息保护法》这些国家基本法律对网络安全服务提出具体要求后的又一项有利落地政策。网络空间安全领域将呈现以下新的发展趋势。

1. 趋势一：数据安全治理成为数字经济的基石

我国《数据安全法》提出“建立健全数据安全治理体系”，各地区各部门均在探索和建立数据分类分级、重要数据识别与重点保护制度。2022 年 12 月，《中共中央　国务院关于构建数据基础制度更好发挥数据要素作用的意见》提出建立数据产权结构性分置制度，这将保障数据生产、流通、使用过程中各参与方享有的合法权利，进一步激发数据要素发挥价值。这些制度建立和实施的前提是数据安全治理有效实施。数据安全治理不仅是一系列技术应用或产品，更是包括组织构建、规范制定、技术支撑等要素共同完成数据安全建设的方法论。数据、模型算法、算力是数字经济发展的三大核心要素，其中数据是原材料。因此，发展数字经济、加快培育发展数据要素市场，必须把保障数据安全放在突出位置，着力解决数据安全领域的突出问题，有效提升数据安全治理能力。在建立安全可控、弹性包容的数据要素治理制度后，需有效推动数据开发利用与数据安全的一体两翼平衡发展。鉴于此，夯实数据安全治理是促进以数据为关键要素的数字经济健康快速发展的基石。

2. 趋势二：智能网联汽车安全成为产业重点

近年来，我国高度重视智能网联汽车发展。我国正在不断颁布促进智能网联汽车产业发展的鼓励性政策，加紧制定智能网联汽车产业发展战略规划。汽车智能化和网联化是一把双刃剑，一方面增强了便捷性，提高了用户体验感；另一方面，联网后的车辆有可能被黑客入侵和劫持，从而带来网络安全以及交通安全威胁。因此，智能联网汽车安全是企业的生命线。我国以新能源汽车为抓手，汽车产业在国内外发展势头强劲。在国家利好政策和市场需求的双重驱动下，智能网络汽车将进一步获得发展，作为生命线的网络安全也将成为行业关注重点。

3. 趋势三：关键信息基础领域成为行业增长点

关键信息基础设施一旦遭到破坏、丧失功能或者数据泄露，可能危害国家安全、国计民生和公共利益。当前，关键信息基础设施认定和保护越来越成为各方的关注焦点和研究重点。《关键信息基础设施安全保护条例》于 2021 年 9 月正式施行，对关键信息基础设施安全防护提出专门要求。《信息安全技术　关键信息基础设施安全保护要求》国家标准于 2023 年 5 月实施，为各行业各领域关键信息基础设施的识别认定、安全防护能力建设、检测评估、监测预警、主动防御、事件处置体系建设等工作提供有利技术遵循，为保障关键信息基础设施全生命周期安全提供标准化支撑，预计带来的安全投入规模将达到百亿级。《关键信息基础设施安全保护条例》及相关国家标准的贯彻施行将带动重要行业和重要领域网络安全建设投入快速增长，“关基市场”将成为网络安全行业的下一个增长点。

4. 趋势四：隐私计算技术得到产学研界共同关注

随着数据安全保护与数据共享流通之间的矛盾日益突出，数据安全保护相关法律法规与数据要素流通政策密集出台。作为平衡数据流通与安全的重要工具，隐私计算成为数字经济的底层基础设施，为各行各业搭建坚实的数据应用基础。

5. 趋势五：数据安全产业迎来高速增长

近年来，我国数字经济规模持续扩大，数据安全愈发受到重视，数据安全产业增速明显。随着我国数字化转型步伐加速，数据规模持续扩大，金融、医疗、交通等重要市场以及智能汽车、智能家居等新兴领域数据安全投入持续增加，稳定增长的市场需求吸引越来越多的传统安全以及新兴安全企业推出数据安全相关产品和服务。在政策法规和可操作性标准持续优化完善的背景下，在数据合规与企业数据保护的双重驱动下，数据安全产品和服务市场需求更加凸显，以数据为中心的安全投资将获得增长，数据安全产业的增速有望进一步提升。

6. 趋势六：国产密码技术将得到更加广泛的应用

密码是保障个人隐私和数据安全的核心技术，国产密码在各层次的充分融合与应用成为基础软硬件安全体系化的核心支撑。在国家密码发展基金等国家级科技项目的引导和支持下，我国在密码算法设计与分析基础理论研究方面取得了一系列的创新科研成果，自主设计的系列密码算法已经成为国际标准、国家标准或密码行业标准，我国商用密码算法体系基本形成，能满足非对称加密算法、摘要算法和对称加密算法的需要。随着我国《密码法》的贯彻实施以及国家对国产化的支持，采用国产密码支撑底层芯片、卡、装置的条件日趋成熟，预计随着国产芯片性能的进一步提升和生态成熟，密码行业有望迎来全新国产化发展机遇。国产密码将在基础信息网络、涉及国计民生和基础信息资源的重要信息系统、重要工业控制系统、面向社会服务的政务信息系统中得到更加广泛的应用。

7. 趋势七：网络安全云化服务被用户广泛接纳

云计算与云应用已经成为IT基础设施，如何在公有云、私有云、混合云、边缘云以及云地混合环境中保障安全已成为未来组织发展的“刚需”。厂商需要积极应对软件化趋势，提升其产品的虚拟化、云化、SaaS化能力，从而抓住网络安全市场的下一个五年发展机遇。云化趋势将为网络安全产品服务提供更有利的运营模式。“网络安全即服务”（CSaaS）将继续成为许多公司的最佳解决方案之一，以允许所使用的服务随时间变化并定期调整，确保满足客户的业务需求。在网络安全人才短缺、安全态势瞬息万变、安全防护云化的今天，用户愿意为硬件出高价而不愿意在软件甚至服务上投入的情况将得到改善，在数据安全政策法规和网络安全保险服务的共同支撑下，中小企业采购云化的网络安全服务意愿将增强，政务网络安全托管服务也将为广大政务用户提供一种更经济、更便捷、更有效的选择。

8. 趋势八：人工智能网络攻防呈现对抗发展演化

人工智能可以通过发现和检测网络攻击的安全威胁来提升自身网络安全保护水平，但人工智能也可能被恶意用于创建更加复杂的攻击，增加网络攻击监测发现的难度。网络安全从人人对抗、人机对抗逐渐向基于人工智能的攻防对抗发展演化。随着新一代人工智能技术的提出与发展，攻击方将利用人工智能更快、更准地发现漏洞，产生更难以检测识别的恶意代码，发起更隐秘的攻击，防守方则需要利用人工智能提升检测、防御及自动化响应能力。基于人工智能的自动化渗透测试、漏洞自动挖掘技术等将为解决这些问题提供新的可能。

在国家大力推进数字化转型、激发数据要素价值的大背景下，我国网络与数据安全政策法规、技术标准不断完善，促进数据要素价值发挥和数据安全产业的规划不断出台，科技自强自立和扩大内循环在全国上下形成共识，自主可信可控成为不可逆转的趋势。网络安全行业将更加注重核心关键技术攻关，以重点产业带动网络新兴产业发展，促进网络安全自主技术的广泛应用，网络安全产业蓬勃发展的势头将继续保持。

1.3 国家网络主权概述及思维建立

网络空间安全与国家网络主权之间存在密切联系，二者相辅相成，构成了维护国家在网络领域权力和安全的重要框架。国家网络主权是国家在网络空间内行使权力的基础，而网络空间安全是维护国家网络主权的前提条件。国家网络主权确保国家能够有效地管理网络和应对网络威胁，而网络空间安全为实现这一目标提供了必要的保障。没有网络空间的安全，国家便无法有效行使其网络主权；反之，如果国家网络主权得不到维护，网络空间也将面临更大的安全威胁。本小节将围绕国家网络主权的定义、重要性、体现以及思维的建立等方面进行介绍。

1.3.1 国家网络主权的定义

纵观世界文明史，国家主权的含义因时而变、不断丰富。人类先后经历了农业革命、工业革命、信息革命，每一次产业技术革命都给国家主权的内涵外延带来了巨大而深刻的影响。农业时代，人类活动空间主要集中在陆地，国家主权的重点在于捍卫领土完整。工业时代，人类活动空间从陆地拓展到了海洋、天空，国家主权的范围也随之延伸扩展。信息时代，网络空间与人类活动的现实空间高度融合，形成了现代国家的新疆域、全球治理的新领域，网络主权由此而生。

国家网络主权是指一个国家在其领土范围内，对网络空间内的信息、通信和网络基础设施行使控制、管理和监管的权力和权威。这包括国家对互联网使用、网络通信、数据流动以及网络资源的管理和规范。国家网络主权强调了国家在网络领域内的独立权利，以确保网络空间内的安全、稳定和法律秩序，维护国家利益和公民权益。同时，国家网络主权也涉及国家对网络信息的审查、过滤、监控和数据隐私的保护，以确保网络空间内的内容和活动符合国家法律、政策和价值观。国家网络主权是国际网络治理中的重要议题，涵盖了国家对网络空间内事务的自治权和控制权，但同时需要在国际合作和法规制定中寻找平衡，以维护全球互联网的开放性和自由度。

1.3.2 国家网络主权的重要性

国家网络主权的重要性无法低估，它对一个国家的稳定、安全和繁荣具有广泛而深远的影响。国家网络主权的重要性可以从以下几个方面进行阐述。

1. 国家安全保障

国家网络主权是确保国家安全的关键因素。在现代社会中，许多国家的关键信息基础设施、政府通信和军事系统都依赖于互联网和网络技术。如果国家失去对这些网络的控制权，就会受到来自网络攻击、间谍活动和信息战的威胁。国家网络主权允许国家采取必要的措施来保护自己的国家安全，包括网络防御、网络情报和网络战略等。

2. 数据隐私保护

在数字化时代，个人数据的重要性日益凸显。国家网络主权涉及制定和执行数据隐私法规，确保公民的个人数据不被滥用、窃取或未经授权地访问。这有助于保护公民的隐私权，建立可信赖的数字经济生态系统。

3. 信息管理和内容审查

国家网络主权使国家能够管理网络空间内的信息流和内容，以维护社会稳定和树立正确的道德价值观。它允许国家采取措施来防止虚假信息的传播、打击网络犯罪和保护未成年人免受不良内容的影响。这有助于社会道德以及文化价值观的传承和维护。

4. 经济繁荣

国家网络主权为国家提供了确保网络空间内商业环境的稳定性和可预测性的机会。它使国家能够制定和执行相关法规，维护知识产权，打击网络欺诈，确保商业合同的执行，从而促进经济繁荣。

5. 国际地位和合作

国家网络主权也在国际关系中发挥着关键作用。它允许国家在国际互联网事务中维护自己的权益和地位。国家需要与其他国家进行合作，共同制定国际网络治理的规则和准则，以确保网络空间在国际合作中得到平衡和稳定的发展。

国家网络主权的重要性体现在多个方面，包括国家安全、数据隐私、信息管理、经济发展和国际地位。它是维护国家利益和公民权益的基石，同时也需要在全球互联网开放性和自由度之间取得平衡，以实现在网络空间内的安全、稳定和可持续发展。

1.3.3 国家网络主权的体现

国家主权行为延伸至网络空间，并通过网络设施与运行、网络数据与信息、社会与人三个范畴的国家活动得到体现。

（1）网络设施与运行范畴的国家活动体现：国家管理和利用境内网络基础设施，以支持信息传播的系统应用、数据和协议；国家维护境内网络基础设施和系统安全，避免非法干扰或入侵；国家参与网络基础设施建设与系统治理、发展和利用的国际合作。

（2）网络数据与信息范畴的国家活动体现：国家对境内网络信息传播实施保护、管理与指导，限制侵犯合法权利或损害社会利益的信息传播；国家遏制境外组织在本国境内捏造、歪曲或散播威胁社会安全的网络信息内容的行为；国家参与数据跨境流动、信息治理和网络信息产业发展的国际协调与合作；保护合法网络数据与信息不被侵害；保护涉及国家秘密的网络数据与信息不被窃取或破坏。

（3）社会与人范畴的国家活动体现：国家自主管理本国社会变迁与网络空间的互动，培育与网络发展相适应的网络主体与社会环境；维护本国独立自主的互联网治理体制，平等参与完善互联网治理模式的国际合作；维护和发展网络空间国际法治精神，防范民粹主义与孤立主义等妨碍和破坏网络空间国际法治发展的行径。

国家网络主权体现的三个范畴环环相扣，反映了网络主权活动的系统性与完整性。尊重网络主权有利于促进网络空间的有序合作，维护网络空间的和谐稳定，推动网络空间的可持续发展。

1.3.4 建立国家网络主权思维的重要性

国家网络主权思维是一种政治和战略观念，强调国家在自己的互联网和网络空间中拥有最高的控制权和管理权。国家网络主权思维的建立对一个国家在网络时代的稳定、安全和发展至关重要。其思维建立的重要性可以体现在以下几个方面。

1. 维护国家独立性和权威

（1）拥有自主权和控制权。国家网络主权思维确保国家在网络空间内拥有自主权和控制权。这意味着国家能够自主制定、管理和实施网络政策、法规和标准，而不受外部干涉。这种自主权赋予国家应对各种网络威胁和挑战的能力，维护国家的独立性和国际地位。

（2）防止外部干涉。缺乏国家网络主权思维可能会导致国家网络受到外部干涉，例如网络攻击、信息战争或信息滥用。国家网络主权思维有助于国家保护自己的网络空间免受外部控制，确保国内事务受到国家法律和政策的管理。

（3）维护国内稳定性。建立国家网络主权思维有助于维护国内稳定性。国家能够规制网络上的激进思想、虚假信息和不良内容，防止这些因素引发社会不满、动乱或分裂。

2. 保护国家网络安全

（1）应对网络威胁。国家网络主权思维强调了国家在应对各种网络威胁方面的角色。这包括网络攻击、恶意软件传播、数据泄露和网络犯罪等威胁。建立国家网络主权思维有助于国家建立强大的网络防御和应对体系，迅速应对威胁，减少潜在的损害。

（2）保护关键信息基础设施。国家网络主权思维重视保护关键信息基础设施，如电力、水供应、交通系统等。这些基础设施越来越依赖于网络连接，如果受到攻击或破坏，将对国家的正常运行产生严重影响。因此，国家需要确保这些关键信息基础设施的网络安全。

（3）保护国家机密和国家安全。国家网络主权思维着重保护国家机密和国家安全信息。通过建立安全的通信渠道和加密技术，国家可以确保军事信息、政府通信和机密数据不受未经授权的访问或泄露。

（4）防范恐怖主义和国际犯罪。国家网络主权思维赋予国家能力来打击跨国网络犯罪和恐怖主义。国家可以合作、分享网络情报，追踪潜在的恐怖分子和犯罪活动，以维护国家和国际安全。

3. 促进信息管理和合规建设

（1）建立信息管理和合规框架。国家网络主权思维要求建立强有力的信息管理和合规框架。这包括制定法规、政策和标准，以确保网络空间内的信息流动受到适当的监管和控制。这种框架旨在防范虚假信息、不良内容和激进思想的传播，以维护社会稳定、文化价值观和道德准则。

（2）防范虚假信息和不良内容的传播。国家网络主权思维有助于国家对抗虚假信息和不良内容的传播。通过制定法规和采取技术手段，国家可以检测和阻止虚假信息的传播，减少对公众的误导。这有助于确保公众在网络空间中获得可靠和准确的信息。

（3）文化和价值观的保护。国家网络主权思维强调了保护国家文化和价值观的重要性。国家可以采取措施来防止违反国家文化准则或价值观的信息在网络上传播。这有助于维护社会的道德稳定。

4. 推动创新和数字经济

国家网络主权思维还可以促进数字创新和数字经济的发展。通过建立网络规则和法律框架，国家可以为数字产业提供有利的环境，鼓励创新，吸引投资，推动经济繁荣。

5. 应对国际挑战

在国际互联网事务中，国家网络主权思维有助于国家更好地维护自己的权益。国家能够参与国际合作，制定网络规则和准则，确保网络空间在国际合作中得到平衡、稳定的发展。

国家网络主权思维的建立对于国家在网络时代的自主权、安全性和发展至关重要。它为国家提供了应对网络挑战和国际竞争的能力，确保国家在数字时代的稳定和独立性。

1.3.5 国家网络主权思维的建立

1. 国家层面

（1）制定法律和政策。国家首先需要制定明确的法律和政策，以确保在网络空间内行使国家网络主权。这些法律和政策应包括网络安全法、数据隐私法规、网络审查规定和网络基础设施维护政策等。这些法规为国家提供了权力，使其能够监管网络通信、保护国内数据和规范网络行为。

（2）建立专门机构。国家可以设立专门的网络管理和监管机构，负责监督网络主权政策和法律的有效落实。这些机构应当具备专业知识和资源，以确保国家在网络空间内能有效管理和应对网络威胁。这些机构通常会协调国家的网络安全政策，监测网络威胁，助推网络技术的发展，并代表国家在国际网络治理中发声。

（3）投资网络基础设施。国家需要投资包括网络安全设备、数据中心、通信网络和云计算在内的网络基础设施。强大的网络基础设施是确保国家网络主权的基础。

（4）实施网络安全教育和培训。国家应该实施广泛的网络安全教育和培训计划，以提高政府官员、决策制定者和网络专业人士的网络安全意识和技能。这有助于国家拥有强大的网络安全专业队伍，以有效应对不断演化的网络威胁。

（5）国际合作和协商。国家网络主权不仅仅是国内事务，还涉及国际网络治理。因此，国家需要积极参与国际合作和协商，以制定共同的网络准则和法规。这有助于确保国家的网络主权在国际层面得到尊重，同时促进国际网络安全和稳定。

（6）持续监测和更新。由于网络威胁不断演变，国家需要持续监测新兴威胁和提高技术水平，并不断更新其网络主权策略。这包括定期评估国家网络安全政策的有效性，以及根据需要进行修订和改进，以应对不断变化的网络威胁。

2. 企业层面

在企业层面，建立和维护国家网络主权思维需要企业采取一系列措施，以确保其网络活动与国家网络主权政策一致。

（1）合规运营。企业需要遵守国家网络主权相关法律和政策，确保其在网络空间内的运营是合法的、透明的，并且是符合网络安全标准的。这包括确保企业的网络活动不会危害国家的网络安全和主权。

（2）数据隐私保护。保护客户和员工的数据隐私是企业的职责之一。企业应制定严格的数据处理和保护政策，以确保个人数据的安全和隐私不受侵犯。这不仅是法律要求，也有助于维护公众的信任。

（3）网络安全投资。企业应投资网络安全措施，包括安全设备、防火墙、恶意软件检测和数据加密等。这有助于防止网络攻击和数据泄露，同时维护企业的声誉和客户关系。

（4）员工培训。企业员工需要接受网络安全培训，了解如何识别和应对网络威胁。员工的网络安全意识是企业网络安全的防御前线。

3. 公民层面

在公民层面，每个人都可以采取措施来支持国家网络主权和网络安全。

（1）保护个人隐私。个人可以采取措施来保护自己的隐私，包括使用强密码、定期更改密码、不随意分享个人信息，以及小心处理电子邮件附件和链接等。

（2）参与网络安全教育。参加网络安全培训和教育课程，提高自己的网络安全意识和技能，从而更好地保护个人和家庭的线上安全。

（3）举报网络犯罪。如果成为网络犯罪的受害者或目击者，应积极报警或举报相关活动，协助执法部门打击网络犯罪。

（4）反虚假信息。不传播虚假信息、不参与网络欺诈活动，有助于维护网络空间的真实性和透明度。

综合来看，在建立和维护国家网络主权思维方面，国家、企业和公民都起着关键的作用。国家层面需要制定法律和政策，建立专门机构，投资网络基础设施，并积极参与国际合作。企业应在运营中确保合规性，保护数据隐私，并投资网络安全措施。同时，公民也可以通过保护个人隐私、参与网络安全教育和举报网络犯罪等行动，积极参与到维护国家网络主权和网络安全的努力中，共同构建更加安全和可信赖的数字社会。这种多方合作和共同努力能确保国家网络主权在网络空间内得到充分的维护和强化。

1.4 网络空间安全对经济社会稳定运行的影响

1.4.1 网络空间安全与经济社会稳定的关系

在信息化时代，几乎所有的经济活动离不开网络，包括贸易、金融、物流等。任何一个环节的网络空间安全问题都有可能导致整个经济体系的崩溃。例如，如果黑客攻击了电子商务平台，导致用户个人信息泄露和资金安全受到威胁，消费者的信任将受到严重损害，从而阻碍电子商务的发展，并对整个经济带来负面影响。此外，网络空间安全问题还会对国家安全和社会稳定构成威胁。黑客组织的攻击可能导致重要机构（如电力、水资源等关键信息基础设施）的运行受到干扰，这都将对社会的正常运转产生不可估量的影响。

网络空间安全对于经济的发展至关重要。如今，各个行业都离不开互联网，无论是传统产业还是新兴产业，都依赖于网络进行运营和发展。然而，网络空间安全威胁给企业的经济利益造成了严重损失。数据泄露、网络攻击等不仅会导致企业核心技术的外泄，还会破坏企业的声誉和市场形象，严重影响企业的经济效益。只有构建一个安全可靠的网络环境，企业才能更好地发展壮大，推动经济的繁荣与发展。

1.4.2 经济社会稳定运行面临的挑战

1. 经济影响

金融系统稳定性：网络空间攻击对银行和金融机构的网络系统构成威胁，可能导致金融系统的崩溃或不稳定。这会影响资金流动、投资和信贷活动，对国家和全球经济产生直接影响。

电子商务和在线交易：网络空间安全问题可能导致在线商务平台遭受数据泄露、信用卡欺诈和虚假交易等风险。这可能降低人们对在线交易的信任，减少在线购物和电子支付的使用，影响零售业和电子商务的增长。

知识产权保护：网络空间攻击可能导致知识产权的盗窃和侵权，对创新和知识产业构成威胁，不利于创新活动和知识经济的发展。

2. 社会影响

信息安全和隐私：网络空间安全威胁对个人和组织的信息安全和隐私构成风险。大规模数据泄露和隐私侵犯可能导致社会恐慌和对在线服务的信任降低。

网络欺凌和暴力：网络暴力行为，如网络欺凌、网络骚扰和在线仇恨言论，可能对个人的心理健康和社交生活造成严重伤害，进而导致社会不稳定。

社交和政治影响：网络空间被广泛用于政治宣传和社交活动。网络空间安全威胁可能导致政治不稳定、社交冲突和社会不和谐，影响国家和社区的凝聚力。

3. 国家安全影响

关键信息基础设施威胁：网络空间攻击可能针对国家的关键信息基础设施，如电力、供水、交通系统和通信网络。这可能导致国家安全遭受威胁，影响国家的稳定性和国际关系。

国防和情报威胁：网络空间常被用作国家之间的战略工具，其范围包括网络战争和情报活动等。网络空间安全问题可能导致国家安全威胁，影响国家和地区稳定。

1.4.3 如何应对经济社会稳定运行面临的挑战

为了应对网络空间安全带来的挑战，我们需要采取一系列的措施。首先，政府应加大在网络空间安全领域的投资力度，加强网络空间安全技术的研发和人才的培养。其次，建立健全网络空间安全法律法规和标准，以保护用户的合法权益和个人隐私。此外，加强国际合作和信息共享也是解决网络空间安全问题的关键。各国应加强沟通和协商，共同应对网络空间安全威胁。同时，保护用户的安全意识也很重要。增强公众对网络空间安全的意识和知识水平，普及网络空间安全教育，使每个人都能够自觉地保护自己的个人信息安全。

总之，网络空间安全对经济社会稳定具有重要性。面对日益复杂的网络空间安全威胁，我们需要加强各方面的合作，共同应对挑战。只有通过多方共同努力，才能构建一个安全、稳定和可持续发展的网络空间。

1.5 网络空间安全对广大人民群众的影响及维护策略

1.5.1 网络空间安全对广大人民群众的影响

网络空间安全直接关系到广大人民群众的日常生活和安全。网络空间安全对人民群众生活的重要性可从以下几个方面进行阐述：

个人隐私保护：在网络上，人们存储了大量个人信息，包括姓名、地址、银行卡信息等。网络空间安全确保这些敏感信息不被未经授权的人访问和滥用，保护个人隐私。

金融安全：越来越多的人使用在线银行和支付平台来处理财务事务。网络空间安全确保这些交易的机密性和完整性，防止金融欺诈和盗窃。

电子商务：网络购物已经成为人们生活的一部分。网络空间安全保护消费者的支付信息和个人资料，鼓励更多人参与在线交易。

通信保密：越来越多的人使用电子邮件、即时消息和社交媒体进行沟通。网络空间安全确保通信的机密性，防止未经授权的访问和窃听。

医疗保障：医疗信息系统存储了病人的健康信息。网络空间安全确保这些信息不被黑客或恶意软件攻击，保护病人隐私和医疗记录的完整性。

能源和基础设施安全：网络空间安全对于能源、水供应、交通等基础设施的运行至关重要。网络攻击可能会导致停电、供水中断等重大问题，直接影响人们的生活。

教育与研究：网络空间安全对于学校和研究机构非常关键，因为它们依赖网络来传递教育内容、存储研究数据和保护知识产权。

政府服务：政府提供了各种在线服务，包括税收、社会福利等。网络空间安全确保这些服务的可用性、可信度和保密性。

社交生活：社交媒体已经成为人们社交互动的重要方式。网络空间安全保护了社交媒体账户不被盗用，以及个人信息不被滥用。

应急通信：在自然灾害或紧急情况下，网络空间安全保证了人们能够使用移动设备与家人和救援组织保持联系，获取重要信息。

总之，网络空间安全对于广大人民群众的日常生活和安全有深远的影响，涵盖金融、个人隐私、医疗、社交互动、教育、基础设施、政府服务和紧急情况等多个领域。因此，确保网络空间安全不仅是每个人的责任，也是社会的责任。只有保障了网络空间安全，才能促进数字社会的稳定和繁荣。

1.5.2 维护网络空间安全的策略

维护网络空间安全对广大人民群众而言是一项迫切的任务。以下是一些面临网络空间安全威胁时的应对策略：

培养个人信息保护意识：培养和增强个人信息保护意识是关键。人们应该了解如何识别网络诈骗、保护个人信息、使用强密码、定期更新软件等基本的网络安全维护行为。

使用安全的网络工具和服务：选择使用安全的网络浏览器、电子邮件服务、社交媒体平台和应用程序，以减少网络攻击和数据泄露的风险。

强化密码安全度：制定复杂、独特且定期更改的密码，并使用双因素身份验证（2FA）来增强账户安全性。

谨慎处理个人信息：在互联网上分享个人信息时，要仔细考虑信息的用途和接收方式。避免在不安全的网站上输入敏感信息，如社保号、银行卡号等。

保护社交媒体隐私：定期审核社交媒体隐私设置，确保只有信任的人可以访问您的个人信息和帖子。

网络暴力和欺凌应对：如果遭受网络暴力或欺凌，要及时报警或向相关平台投诉。此外，保持冷静，不回应恶意言论，以降低争议升级的可能性。

定期更新和备份数据：定期备份重要数据，以防止数据丢失或被勒索软件攻击。同时，确保操作系统和应用程序都是最新版本，以修补已知的安全漏洞。

网络安全培训：多参与政府、学校和企业提供的网络安全培训，从而更好地了解网络安全问题和最佳实践方法。

通过这些策略和实践，人们可以更好地保护自己免受网络空间安全威胁，同时也有助于共同营造更加安全和受尊重的网络环境。

2　网络空间安全主要研究领域

2.1　引言

网络空间安全是当今信息时代不可或缺的重要领域，它关系到个人、组织和国家的安全和隐私。在这个数字化时代，随着互联网的不断发展和普及，网络空间已成为我们日常生活和商业活动中的重要组成部分。然而，随之而来的是各种各样的网络威胁和风险，如网络攻击、数据泄露和恶意软件，这些威胁可能对个人、组织和国家造成严重损害。为了应对这些威胁，网络空间安全研究已经成为一个备受关注的领域。它涵盖多个主要研究方向，包括关键信息基础设施的安全保护、网络系统设备的运维与服务安全以及信息安全等。

关键信息基础设施的安全保护关注的是保护网络的物理和逻辑组件（包括网络设备、服务器、路由器、交换机以及通信线路等），要确保它们不受恶意入侵、破坏或滥用的威胁。关键信息基础设施的安全性对于维护网络的稳定性和可用性至关重要。

网络系统的运维与服务安全关注的是网络的日常运营和服务提供过程中的安全性。这方面的研究包括身份验证、访问控制、漏洞管理、紧急响应和持续监控等多种因素。确保网络运营的稳定性和安全性是保障用户体验和数据保密的关键。

在今天的数字化世界中，信息是最宝贵的资产之一，因此信息安全至关重要。信息安全涵盖数据的保护、隐私、加密和防范恶意软件等方面的研究。

本章将深入探讨这些网络空间安全的主要研究领域，介绍它们的概念、影响和治理措施。我们将探讨各种安全威胁和攻击类型，以及防御和保护网络的最佳实践。通过深入了解网络空间安全，我们可以更好地应对当前和未来的网络威胁，确保我们的数字世界更加安全和可信。

2.2 关键信息基础设施的安全保护

2.2.1 需要网络保护的关键信息基础设施

关键信息基础设施，是指涵盖公共通信和信息服务、能源、交通、水利、金融、公共服务、电子政务、国防科技工业等重要行业和领域，以及其他一旦遭到破坏、丧失功能或者数据泄露，就可能严重危害国家安全、国计民生、公共利益的重要网络设施、信息系统等。

常见的关键信息基础设施如下：

（1）能源设施：电力发电厂和输电网络，石油和天然气生产、储存及分配设施。

（2）通信基础设施：电话交换机和通信网络、互联网交换点和数据中心。

（3）水资源和供水设施：水库、水处理厂和水管道系统、污水处理厂。

（4）交通和运输系统：火车站和机场、港口和航运设施。

（5）金融机构和系统：银行、证券交易所和金融交易平台、支付处理中心和清算系统。

（6）医疗保健设施：医院、诊所和医疗实验室、医疗设备和制药工厂。

（7）政府机构和设施：国家政府大楼和议会大厦、政府数据库和信息系统。

（8）军事设施：军事基地、核设施和武器库、军事通信和情报系统。

（9）核电站：原子能发电站和核设施、核废料处理设施。

（10）食品和农业设施：食品加工工厂和供应链节点、农田和农业设施。

（11）环境保护设施：污染控制和废物处理设施、自然保护区和生态系统。

这些关键信息基础设施在现代社会中扮演着至关重要的角色，它们的安全和稳定运行对于维护国家经济、国家安全和公共福祉至关重要。因此，保护这些设施免受各种威胁和攻击是一个国家、地区或组织的首要任务之一。

2.2.2 关键信息基础设施安全保护条例

2021 年 7 月 30 日，《关键信息基础设施安全保护条例》正式公布，标志着我国网络安全保护进入了以关键信息基础设施安全保护为重点的新阶段。作为网络安全法的重要配套法规，该条例积极面向国内外网络安全保护的主要问题和发展趋势，提供解决方法与发展思路，为下一步加强关键信息基础设施安全保护工作提供了重要法治保障。

1. 关键信息基础设施安全保护立法是各国网络安全战略的重要一环

全球网络安全局势复杂严峻，对各国关键信息基础设施安全防护提出新挑战。近年来，多国基础设施和重要信息系统多次遭受网络攻击，对国家安全稳定造成巨大威胁。例如2021年，美国最大的燃油管道运营商、全球最大的肉类加工企业均因黑客攻击而停摆，导致影响国家乃至全球经济运行的基础设施受损，对全产业链产生连锁影响，也引发了各国关于加强关键信息基础设施安全保护的思考。因此，世界主要国家和地区均强化了关键信息基础设施安全防护。美国不仅大幅增加了关键信息基础设施网络安全方面的资金投入，而且颁布了多部强化关键信息基础设施网络安全、预防勒索软件攻击等方面的法案和官方指南。欧盟也在《欧盟安全联盟战略》中将提升关键信息基础设施的保护和恢复能力作为未来五年网络安全工作的重中之重。

欧美国家在关键信息基础设施立法方面起步较早，早在2001年美国即颁布了《2001年关键信息基础设施保护法》，之后相继出台《改进关键信息基础设施网络安全行政令》《增强联邦政府网络与关键信息基础设施网络安全行政令》等相关法案。随着网络安全形势的日益严峻，美国积极调整网络安全保护战略，发布了《2021年临时国家安全战略方针》《2021年关于加强国家网络安全的行政命令》等相关政策。欧盟出台了《2008年欧盟关键信息基础设施认定和安全评估指令》《2016年网络与信息安全指令》等多部关键信息基础设施保护相关立法。俄罗斯2017年颁布了《联邦关键信息基础设施安全法》。澳大利亚2018年颁布了《关键信息基础设施安全法》。此外，英国、德国、日本等国也出台了关键信息基础设施保护的相关立法和政策。可见，世界主要国家和地区都将关键信息基础设施立法作为网络安全立法中最为关键的环节。

我国强调对关键信息基础设施实行更高水平的保护。我国2016年出台的《网络安全法》在明确国家网络安全基本制度体系的基础上，对于关键信息基础设施规定了更高水平的安全防护要求。《网络安全法》规定对关键信息基础设施实行重点保护，并在第三章“网络运行安全”中单设一节对关键信息基础设施安全保护进行专门规定。针对关键信息基础设施安全保护工作中涉及的技术措施、人员机制、数据安全、风险评估等安全管理举措提出更高要求，并强调通过配套立法进一步完善关键信息基础设施安全保护制度，突出了关键信息基础设施在国家整体网络安全制度体系中的重要地位。

2. 关键信息基础设施安全保护工作新阶段的思考

完善配套标准规范体系。一是围绕关键信息基础设施共性安全需求和基线安全要求，加快制定出台国家标准。二是围绕保护工作部门聚焦行业实际和特点，深入推进行业关键信息基础设施标准建设，并组织实施。三是围绕运营者责任义务、信息共享模式、协同处置机制、安全防护能力认定等关键方面开展管理机制深入研究。

深化行业监管职责落实。一是指导监督行业运营者落实安全主体责任，扎实做好网络安全威胁监测与处置、网络安全审查等关键信息基础设施安全保护相关工作。二是完善监督检查机制，加强行业关键信息基础设施安全防护检查与风险评估。三是构建完善应急保障体系，建立态势感知、应急指挥等技术支撑手段，组织开展场景式、专题化、联合型应急演练，打造专家队伍。

加强新技术新模式应用示范。一是强化创新发展研究，积极利用云计算、大数据、人工智能等新技术提升关键信息基础设施网络安全能力。二是建立创新激励机制，深化网络安全先进技术创新应用和试点示范，汇聚网络安全产业力量，强化面向关键信息基础设施的网络安全能力供给。三是开展关键信息基础设施网络安全能力评估与持续优化，客观评定网络安全能力水平。

2.3 网络系统运维与服务安全

网络系统运维（Network Operations）和服务安全（Service Security）都是网络安全领域中关键的技术，它们密切相关，但又各自有着不同的职责和焦点。下面将分别介绍运维和服务安全，以及它们之间的关系。

2.3.1 概述

1. 网络系统运维

网络系统运维是指管理和维护信息技术基础设施和服务的一系列活动和实践，旨在确保系统的稳定性、可用性和性能。网络系统运维包括硬件和软件的安装、配置、监控、维护、性能优化、故障排除、备份和恢复等，通过这些任务确保 IT 系统能够按预期运行。运维团队通常负责确保系统能够正常运行，提高监控资源利用率，协助解决用户问题，以及计划和执行系统升级和维护。运维的目标是提供高效、稳定和可靠的 IT 服务，以满足组织或用户的需求。网络系统运维包括以下主要方面：

（1）设备管理。

①配置、监控和管理网络设备，如路由器、交换机、防火墙和负载均衡器等。

②确保设备的正常运行，包括固件/软件的更新和升级。

（2）性能监控。

①实时监测网络设备和连接的性能，以确保网络的稳定性和可用性。

②监控带宽利用率、延迟、丢包率等网络指标。

（3）故障排除。

①迅速检测并解决网络故障，以减少服务中断时间。

②制订故障排除计划，追踪问题根本原因并采取纠正措施。

（4）容量规划。

①确保网络具有足够的带宽、存储和计算资源来支持业务需求。

②预测和规划未来的容量需求，以防止性能下降和拥塞。

（5）安全管理。

①确保网络设备和服务的安全性，包括身份验证、访问控制和数据加密。

②监控网络安全事件，及时响应潜在的威胁。

（6）备份和灾难恢复。

①定期备份网络设备配置和数据，以防止数据丢失。

②制订灾难恢复计划，以确保网络能够在紧急情况下快速恢复正常运行。

（7）升级和维护。

①定期检查和升级网络设备的硬件和软件，以确保其性能和安全性。

②安排维护窗口以进行必要的维护工作。

（8）日志和文档。

①记录网络设备的活动和事件，以便日后审查和故障排除。

②创建和维护网络文档，以提供关于网络拓扑和配置的准确信息。

（9）合规性和政策。

①遵守适用的法规和行业标准，制定和执行网络运维政策。

②定期进行合规性检查，确保网络符合安全和法规要求。

(10) 培训和技能发展。

①培训网络管理员和技术支持团队，使其能够有效地管理和维护网络系统。

②持续更新技能以适应新的技术和安全挑战。

网络系统运维是确保网络的可靠性、性能和安全性的关键部分。通过维护网络设备、监控性能、保护安全性并及时响应问题，各类组织可以确保其网络在满足业务需求的同时保持高度的可用性和安全性。

2. 服务安全

服务安全是确保信息技术服务（如网络服务、Web 服务、云服务等）的安全性和保护服务所涉及数据的完整性、保密性和可用性的一系列措施和实践。服务安全包括对服务的身份验证和访问控制、数据加密、漏洞管理、威胁检测、安全策略制定、安全审计和合规性检查等，以防止服务被滥用、攻击或破坏。服务安全的目标是确保用户或客户可以安全地使用 IT 服务，并确保服务不受恶意攻击或数据泄露的影响。

网络系统的运维和服务安全是密切相关的，因为运维团队通常负责确保运行中的服务的稳定性和可用性。这包括监控服务的性能、检测潜在的问题，以及应对故障和安全事件。运维团队应该积极参与服务安全，确保服务的配置是安全的，监控并检测异常活动，协助解决安全事件，并且执行安全补丁和升级。运维和服务安全团队通常需要密切协作，以共同确保 IT 服务的可用性和安全性。

2.3.2 网络系统设备安全的主要目标与措施

网络系统设备安全是指确保计算机网络中的各种硬件设备和相关组件（如路由器、交换机、防火墙、服务器、存储设备等）的安全性，以保护这些设备免受未经授权的访问、恶意攻击、数据泄露、服务中断和其他安全威胁的影响。网络系统设备安全的目标是维护网络的完整性、可用性和保密性，以确保网络能够稳定运行并保护其中的数据和资源。网络安全设备包括 IP 协议密码机、安全路由器、线路密码机、防火墙等。广义的信息安全设备除了包括上述设备外，还包括密码芯片、加密卡、身份识别卡、电话密码机、传真密码机、异步数据密码机、安全服务器、安全加密套件、金融加密机/卡、安全中间件、公开密钥基础设施（PKI）系统、授权证书（CA）系统、安全操作系统、防病毒软件、网络/系统扫描系统、入侵检测系统、网络安全预警与审计系统等。

1. 网络系统设备安全的主要目标

（1）保护机密性：设备安全的一个关键方面是确保存储在设备上的敏感数据不会被未经授权的人访问或泄露。这通常通过数据加密、访问控制和身份验证来实现。

（2）确保完整性：设备安全旨在防止未经授权的修改或破坏设备上的数据及软件。这可以通过数字签名、固件验证和安全编程来实现。

（3）维护可用性：设备必须随时可用，以确保业务连续性。设备安全措施应该防止恶意攻击、硬件故障或其他问题影响设备的可用性。

（4）防范恶意软件：设备安全包括预防、检测和清除恶意软件，如病毒、恶意代码和勒索软件。这需要定期更新操作系统和应用程序，修复已知的漏洞，并使用反病毒和反恶意软件工具来保护设备免受感染。

（5）物理安全：确保设备的物理安全是设备安全的一个重要方面。这包括使用物理锁、封条、安全机箱和访问控制，以防止未经授权的物理访问。

（6）远程管理和监控：设备安全还涉及提供安全的远程管理接口，以便管理员远程监控设备的状态并进行必要的维护。这需要强大的身份验证和加密机制，以防止未经授权的远程访问。

（7）漏洞管理：定期评估设备的安全漏洞，并及时应用修补程序以修复这些漏洞。建立漏洞披露渠道，以接收并响应外部报告。

综合来说，网络系统设备安全旨在保护计算设备和相关硬件免受各种安全威胁和风险的影响，确保它们的运行是可靠的、完整的和保密的，以维护组织的业务连续性和数据安全。

2. 网络系统设备安全的主要措施

为实现上述主要目标，以下是一些主要措施：

（1）访问控制：设备安全需要建立严格的访问控制策略，确保只有授权的用户或系统管理员才可以访问设备。这包括用户账户管理、角色基础的权限控制和多因素身份验证。

（2）漏洞扫描和评估：定期对设备进行漏洞扫描和评估，以识别可能存在的漏洞和安全风险。这有助于及时发现并修复潜在的安全问题。

（3）恢复计划：制订设备故障和安全事件的紧急恢复计划。这些计划应包括备份和恢复策略，以便在设备故障或数据丢失时能够快速恢复正常操作。

(4) 安全审计和日志记录：设备应该能够生成详细的安全审计日志，记录设备上发生的事件和活动。这些日志可用于检测潜在的安全威胁并进行调查。

(5) 安全更新和补丁管理：及时应用操作系统、应用程序和固件的安全更新和补丁，修复已知的漏洞。自动更新系统也是一种有效的安全措施。

(6) 供应链安全：确保设备供应链的安全性，防止恶意活动或硬件恶意注入。这包括审查和验证硬件供应商的可信度和安全实践。

(7) 教育和培训：对设备的最终用户和管理员进行安全意识教育和培训，以帮助他们识别和应对潜在的威胁和攻击。

(8) 物理安全控制：在设备存放和操作的物理环境中实施适当的安全控制，包括安全摄像头、入侵检测系统和生物识别技术等。

(9) 持续监控和威胁情报：实施持续的安全监控，以便及时检测和应对新的威胁。获取有关最新安全威胁的情报也是保障设备安全的关键。

这些主要措施可以进一步提高网络系统设备安全性，确保设备在其全生命周期内受到有效的保护，以应对不断演变的安全威胁和风险。网络系统设备安全是一个综合性的领域，需要综合考虑多个因素和策略来保护设备和维护数据的安全性。

2.3.3 网络系统防攻击、防渗透技术简介

1. 网络系统防攻击相关概念

网络攻击是指对计算机信息系统、基础设施、计算机网络或个人计算机设备等的任何类型的进攻动作。

(1) 攻击分类。

网络攻击有两种类型：主动攻击和被动攻击。主动攻击主要是黑客通过一些技术手段进行非法攻击；被动攻击则可以在很隐秘的情况下窃取到一些重要的情报，对使用者来说，这种攻击是很难被发现的，也容易造成大的损失。

①主动攻击。

主动攻击指的是攻击者在未经许可的情况下，对其所要获取的信息和系统进行访问。主动攻击的方法有很多，一般有篡改、中断、伪造三种。

A. 篡改。

篡改主要针对的是信息安全中的完整性要求。它是目前攻击者进行网络攻击时普遍使用的一种方法，危害也是较大的。

B. 伪造。

伪造主要针对信息安全中的真实性。黑客先会冒充其他人的身份，再得到该用户的权利。当用户的用户名和密码被窃取后，那些伪装成合法用户的黑客将会采取违法的行为。

C. 中断。

中断针对的是信息安全中的可用性。我们知道，一个系统的稳定性是至关重要的，只有系统足够稳定，用户才能在网络上进行快捷的访问和操作。然而，一些网络攻击者就会用中断的方式来拒绝服务，去破坏合法使用者的硬件和软件。

②被动攻击。

被动攻击与主动攻击不同的地方就在于它是利用用户网络中已经存在的漏洞来对网络系统进行攻击。被动攻击和主动攻击所用方法也是不相同的，大致分为两种：窃听与流量分析。

A. 窃听。

传统意义上的“窃听”是说在别人看不见的地方偷听别人讲话，但随着网络技术的飞速发展，窃听早就被一些不法分子进行了“技术加工”，现在窃听到的信息大致分为两种：明文和密文。

B. 流量分析。

我们知道，数据在网络上传播时是以流量的形式进行的，所以不法分子在拦截到流量形式的数据后，就会对它进行分析。攻击者通过对协议数据单元的分析，就可以确定出通信双方在哪个地理位置，为下一步的攻击提供重要依据。

也就是说，被动攻击几乎不会去修改或者破坏用户的信息，所以很难留下攻击痕迹，因此很难被检查出来。

（2）攻击行为。

网络系统一般有口令攻击、特洛伊木马、电子邮件攻击、端口扫描和文件上传漏洞等 5 种攻击行为。

①口令攻击。

网络攻击者对口令一般是用猜测的形式，其会将猜测所得的 Hash 值进行一个对比。因此，口令攻击的核心是攻击者是否能够猜测到使用者可能使用的密码。通常有如下的方法：

A. 在线窃听。

在线窃听是指黑客利用网络嗅探器，对没有进行加密加工的数据进行在线拦截，从而获得用户的账号和密码。

B. 获取口令文件。

比如 Linux 系统，使用者的账户名称及口令被储存在不同的地方。在 Windows 中，用户名和密码虽然都存放在一个文件中，但两者在存放之前都是经过 Hash 处理的。因此，网络攻击者就算窃取了这些文件，也还是需要对它们进行破解。

C. 字典攻击。

我们合法用户在进行登录时，需要输入两个东西：一个是用户名，另一个就是密码。当一个网络攻击者试图侵入一台计算机的时候，他也一样需要用户名和密码。这个时候，他就会拿出口令字典库，依次在系统上输入口令来进行尝试，相当于是一个遍历的过程，直到这其中有一条口令是正确的，这场攻击才算成功。当然，也可能存在所有的口令经过尝试后全都无效，这就算是攻击失败了。

②特洛伊木马。

特洛伊木马（Trojan Horse）是指寄宿在计算机里的一种非授权的远程控制程序，这个名称来源于公元前 12 世纪希腊和特洛伊之间的一场战争。由于特洛伊木马程序能够在计算机管理员未发觉的情况下开放系统权限、泄漏用户信息甚至窃取整个计算机管理使用权限，使得它成为黑客最为常用的工具之一。它常常伪装成其他东西，比如工具或者游戏，诱使用户打开或者下载带有木马的附件，一旦用户打开或执行它们之后，它们就会在计算机启动时也跟着悄悄启动。当用户联网后，攻击者就会收到用户的 IP 地址和端口，然后就能随意去修改、复制、窥视用户计算机中的信息，以此来控制用户的计算机。

③电子邮件攻击。

电子邮件攻击是最古老的匿名攻击之一，通过设置一台机器不断地大量地向同一地址发送电子邮件，攻击者能够耗尽接收者网络的宽带。由于这种攻击方式简单易用，也有很多发匿名邮件的工具，而且只要对方获悉你的电子邮件地址就可以进行攻击，所以这是最值得防范的一个攻击手段。网络攻击者总是选择在短时间内向指定的被攻击对象的邮箱发送大量的电子邮件，这些内容几乎是比较重复的，而且内容并没有什么特别大的意义。我们前面提到数据是通过流量传递的，而当短时间内发送的数据流量太大时，就十分容易造成被攻击对象的电子邮件系统无法正常工作，比如宽带、CPU、存储空间被耗尽，最终导致系统瘫痪。

④端口扫描。

端口扫描是指对网络装置或电脑系统进行相关的安全扫描，以找出存在的安全风险和可利用的弱点。网络攻击者就是用网络扫描的技术来选择该如何对系统展开攻击。计算机网络会从端口向外界提供服务，也就是说，一个端口就是一个隐藏的入侵渠道。扫描攻击端口就可以得到很多关于所要攻击的计算机的有用信息。

⑤文件上传漏洞。

文件上传漏洞是指使用者上传一个可执行的脚本文件，并通过此脚本文件来执行服务器端的命令。“文件上传”本身并无问题，真正的问题在于它上传后该如何处理和解释文件。如果服务端没有严格地审核和筛选上传的文件，那么恶意攻击者在上传恶意的脚本文件后，就会使用户继续通过“文件包含”“命令执行”等方式帮助其获取执行服务端命令的能力，这就是文件上传漏洞。

（3）网络系统攻击的实施过程。

网络系统攻击也有一套完整的工作流程以及工作周期，大概分为三个阶段：攻击发起、攻击作用、攻击结果。

①攻击发起阶段：在攻击发起阶段，网络攻击者首先要做的就是确定好他要发起攻击的操作系统类别、所在平台的类别，以及这其中存在哪些漏洞，哪些又更好利用、更好突破等。攻击行为对平台的依赖性可以分为四个等级：平台依赖性强、平台依赖性中、平台依赖性弱、无平台依赖性。攻击者对平台的依赖程度能体现出攻击过程中可能涉及的其他范围。依赖性越高，就说明攻击所涉及范围就越小，反之就越大。

②攻击作用阶段：相比攻击发起阶段，攻击作用阶段的范围更为精确，能够直接反映出攻击者的攻击目的。此时，攻击者会锁定系统中哪些信息要作为破坏对象，以此来达到自己的目的，获取想要的“利益”。一次攻击可以有多个目标，体现了其多样化特征。

③攻击结果阶段：攻击结束后，会造成一定的后果，而这个后果是被攻击者所能直接感受到的。这一阶段可以分为三个维度来讨论：首先是“攻击结果”，就是看被攻击者的系统哪些方面受到了哪些影响；其次是看“传播性”，即此次攻击除了破坏本系统外是否还会破坏其他新的目标；最后要看“影响程度”，即系统中受损的各部分大概是在什么程度、什么水平。

（4）网络系统防攻击的途径与方法。

在互联网持续发展的今天，我们面临的网络威胁也越来越多。构建一个完整的网络空间安全必须保证外部安全，同时要有积极的内部防护。随着网络空间安全问题日益突出，“卫生问题”渐渐成为一个不可忽视的重点。类似于个人卫生，网络卫生是一种旨在协助和维持整个系统养成的健康的小惯例和小习惯。网络的卫生问题得到治理，那总体的安全隐患也就会随之降低，这也正好避免了很多普遍的网络空间安全问题。因此，使用者都需要保证计算机及网络信息的安全。以下几点建议可供参考。

①优化网络管理制度。

目前，我国的网络空间安全防护体系仍有许多缺陷，也没有经过精细的规范，优化网络的管理系统迫在眉睫。为了更好地解决上述问题，就要完善网络系统防御功能，提高网络的管理效率，从而有效遏制网络环境中的危害。此外，网络公司与其使用者的沟通和交流也应该更加深入，对于网络公司来说，应该加强对这些员工的技术培训。同时，对网络空间安全的宣传也很重要，要通过积极宣传让广大网民提高使用网络技术的安全意识，自觉地做好防范工作，促进健康的网络环境建设。

②用户自觉做好信息保护工作。

从使用者的角度来看，在使用计算机时，必须要有较强的网络空间安全意识。其中，给自己的信息进行保护处理是最方便、最高效的一种方法。首先，用户在登录时就要进行身份认证，比如输入用户名和密码，这样可以有效地防止黑客的恶意侵入。其次，采用一对一的方式进行数据传送、数据的存储与销毁，也能有效地阻止黑客的入侵，从而达到安全保护的目的。为了保证数据的安全，还应当进行相应的备份，并将其保存在一个安全的系统中。

③安装正规杀毒软件，使用防火墙技术。

目前的杀毒软件已经针对不同病毒有了许多新的解决方案，在实际应用中，用户可以按照自己的实际情况来操作，而不用去理解它的工作原理。实际上，杀毒软件的使用也相当简单，只需要用户在首次安装的时候，允许其对我们的计算机系统进行一个全面的保护。杀毒软件既可以保证系统的安全，也可以增强对计算机病毒的实时监控与查杀，而且还能促进网络空间安全技术的发展。

④推动有效网络攻击的智能化检测。

因网络攻击具有隐蔽性及日益智能化的特征，专家们根据网络攻击的基本原理，建立了相应的网络空间安全知识库，对其进行智能的检测。同时在此基础上，将网络攻击事件的信息放在安全知识图谱里，并先将其与安全知识图谱相匹配，再结合状态的触发条件，对网络中的单步攻击和复合攻击进行分析。通常情况下，在发现复合攻击时，是可以进行分析的，但不能保证有完整的攻击链。在综合了攻击规则库的基础上，将已有的知识存储进去，然后将收集到的信息与安全知识图谱相比较，在大量数据中筛选出有效的信息，最终实现自动分析的目的。由于传统的攻击算法不能处理输入中的一些问题，所以可以考虑利用技术在出现错误或遗漏的时候，自动补充丢失的信息。在此基础上，将得出的结果与模拟攻击的信息进行比较，从而达到智能地判断网络攻击的目的。

⑤普通用户可采用的一些简单、有效方法。

在设置密码时，尽量采用数字+字母+符号的形式；不轻易点开陌生的手机链接、电子邮件；家庭的 WiFi 密码要进行加密，也不要随意去使用公共场合的 WiFi；不要在网上随意地存储密码、记住密码；尽量不要在一些网站或应用软件留下自己的银行卡信息；如果发现自己的信息已经遭到入侵、破坏，要立即联系专业人员来解决。

总之，网络技术的应用越来越广泛，对经济的发展起到了巨大的促进作用，但同时也带来了许多的安全隐患，严重地影响到了社会的发展。因此，在网络技术的实际运用中，管理者应不断完善网络管理制度，自觉做好用户的信息保密工作；用户也应使用杀毒软件和防火墙等措施，有效地防止网络的攻击与威胁。

2. 网络渗透相关概念

网络渗透（Network Penetration）是攻击者常用的一种攻击手段，也是一种综合的高级攻击技术。网络渗透是安全工作者研究的课题之一，但在他们口中通常被称为“渗透测试”（Penetration Test）。

无论是网络渗透还是渗透测试，实际上指的都是同一内容，也就是研究如何一步步攻击入侵某个大型网络主机服务器群组。只不过从实施的角度上看，前者是攻击者的恶意行为，而后者则是安全工作者通过模拟入侵攻击测试，进而寻找最佳安全防护方案的正当手段。

随着网络技术的发展，政府及电力、金融、教育、能源、通信、制造等行业的企业网络应用日趋普遍，规模也日渐扩大。在各个公司企业网络中，网络结构越来越复杂，各种网络维护工作也极为重要，一旦网络出现问题，将会影响公司或企业的正常运作，并带来极大的损失。

在各种网络维护工作中，网络空间安全维护更是重中之重。各种网络空间安全事件频频发生，大型企业的网络也逃不过被攻击的命运。网络空间安全工作保障着网络的正常运行，能够帮助避免因攻击者入侵带来的可怕损失。

为了保障网络的安全，网络管理员往往严格地规划网络的结构，区分内部与外部网络进行网络隔离，设置网络防火墙，安装杀毒软件，并做好各种安全保护措施。然而绝对的安全是不可能的，潜在的危险和漏洞总是相对存在的。

面对越来越多的网络攻击事件，网络管理员们采取了积极主动的应对措施，大大提高了网络的安全性。

（1）防止网络渗透措施。

网络渗透防范主要从两个方面来进行防范：一方面是从思想意识上进行防范，另一方面就是从技术方面来进行防范。

①从思想意识上防范渗透。

网络攻击与网络空间安全防御是同一事件的正反两个方面，纵观容易出现网络空间安全事故或者事件的公司和个人，疏忽大意往往是造成这些事件的主要原因。在一个网络防范很严密的网络中，进行网络渗透是很难成功的。而那些被成功渗透的网络，往往是由于管理员的疏忽，例如其将数据库、Ftp服务器等密码信息保存在计算机的记事本上而导致渗透等，因此可以采取以下两个措施来进行防范。

A. 加强安全思想教育培训。无论新老员工都要进行安全保密教育，可在员工之间开展讨论，互相查找网络或者个人计算机中存在的安全隐患。

B. 建立完善的安全管理制度。利用制度来保证防范措施的执行，例如保证3个月更换一次密码等。

②从技术上防范渗透。

技术层次主要表现在硬件和软件上，应尽可能地让个人计算机或者网络处于一个安全的空间中，有一个缓冲地带，避免直接暴露在公网上，随时都有可能接受攻击；同时从技术层面上加强安全防范，可采取以下一些措施来保障网络和个人计算机的安全。

A. 建立合理的网络拓扑结构。公司在进行网络规划时可以向专业的安全公司工作人员进行咨询，让他们来帮助公司进行网络规划，从大的环境上尽可能多地保护网络免受外部攻击。

B. 使用防火墙或者IDS等网络空间安全设备。在经济条件允许的情况下，尽可能地使用防火墙或者IDS等网络空间安全设备，配置和使用好这些设备一方面可以记录网络使用情况，另一方面可以防范绝大部分的网络攻击。

C. 统一部署补丁、杀毒软件以及其他软件。在公司或者个人计算机上安装杀毒软件以及防火墙，定期升级补丁程序，并采取一定的安全策略加固个人计算机。

D. 严格保密公司网络等信息。个人或者管理员要妥善管理好自己的密码，另外也要定期修改计算机中的密码，特别是当发现或者遇到有入侵的情况时，一定要更改所有的密码，并彻底进行一次安全检查。

（2）网络渗透测试和黑客攻击的区别。

网络渗透测试是指渗透人员在不同的位置（比如从内网、从外网等位置）利用各种手段对某个特定网络进行测试，以期发现和挖掘系统中存在的漏洞，然后输出渗透测试报告，并提交给网络所有者。网络所有者根据渗透人员提供的渗透测试报告，可以清晰知晓系统中存在的安全隐患和问题。

二者最大的区别就是网络渗透测试是合法的而黑客攻击是不合法的，但本质上没有区别，网络渗透测试也是模拟黑客的攻击手法的一种测试，只不过是提前和被测试者（客户）约定好测试范围和目的，在规定的时间和条件下进行测试；而黑客攻击则完全没有任何规则。

黑客攻击手段可分为非破坏性攻击和破坏性攻击两类。非破坏性攻击一般是为了扰乱系统的运行，并不盗窃系统资料，通常采用拒绝服务攻击或信息炸弹；破坏性攻击是以侵入他人电脑系统、盗窃系统保密信息、破坏目标系统的数据为目的，而且黑客的攻击往往是不择手段、不达目的不放弃的。

2.3.4　网络系统连续可靠运行的主要指标

网络系统连续可靠运行是指一个信息系统能够在不间断地提供预期功能和服务的情况下，有效地防止各种意外事件可能造成的破坏或迅速从故障中恢复正常的操作。网络系统连续可靠运行包括以下几个特性。

1. 故障容忍性（Fault Tolerance）

（1）硬件冗余：通过使用冗余组件（如冗余电源、存储设备、网络路径等）来减少单点故障的影响。

（2）软件冗余：采用备用软件或代码分割技术，以确保在一个组件失败时系统可以自动切换到备用组件。

（3）故障检测和自愈：实施故障检测机制，当发现故障时能够自动恢复或转移到备用模式。

2. 可用性（Availability）

（1）高可用架构：设计系统架构，使其能够容忍硬件和软件故障，确保服务不中断。

（2）负载均衡：分发流量到多个服务器，以确保即使在高负载情况下也能提供服务。

（3）容错技术：采用技术（如热备份、冗余路由、故障转移等）来减少服务中断的风险。

3. 灾难恢复（Disaster Recovery）

（1）备份和还原：定期备份数据，并确保能够在需要时迅速还原系统到正常状态。

（2）紧急计划：创建详细的灾难恢复计划，包括人员分工、资源分配和恢复步骤。

（3）测试和演练：定期测试和演练灾难恢复计划，以确保其有效性。

4. 安全性（Security）

（1）身份验证和授权：实施强密码策略、多因素身份验证，以确保只有授权用户能够访问系统。

（2）数据加密：对敏感数据进行加密，以保护数据在传输和存储中的安全性。

（3）漏洞管理：定期扫描系统以检测漏洞，并及时修复它们。

（4）威胁检测和应对：部署威胁检测系统，以侦测潜在的威胁，并采取措施进行应对。

5. 性能管理（Performance Management）

（1）监控和警报：实施实时监控系统性能的工具，并设置警报以及时响应问题。

（2）容量规划：分析系统负载趋势，确保有足够的资源以满足未来需求。

（3）性能优化：不断改进系统的性能，以确保其在高负载情况下仍然稳定运行。

6. 持续监控（Continuous Monitoring）

（1）安全信息和事件管理（SIEM）：使用 SIEM 工具收集和分析安全事件，以及时检测潜在的威胁。

（2）日志管理：收集、分析和保留系统日志，以帮助检测和调查问题。

（3）性能监控：实时监控系统性能，以及时识别和解决性能问题。

7. 合规性（Compliance）

（1）法规合规：确保系统符合适用的法律法规，如 GDPR（《通用数据保护条例》）等。

（2）行业标准：遵循适用的行业标准，如 PCI DSS（支付卡行业数据安全标准）等。

（3）内部政策：制定和实施内部安全政策，确保员工和系统的行为符合规定。

这些特性综合起来构成一个信息系统连续可靠运行的综合框架，可以帮助组织确保其信息技术基础设施能够在各种情况下保持高度可靠和安全。

2.3.5 网络软件产品安全的保障措施

网络软件产品安全是指确保在网络环境中使用的各种软件产品（如应用程序、操作系统、网络设备管理软件等）的安全性和可靠性。这包括采取一系列措施，以预防、检测和应对潜在的威胁和漏洞，从而确保网络上的软件产品不容易受到攻击或滥用，并能够持续稳定运行。

1. 目前网络软件产品安全面临的威胁

（1）非法复制。

计算机软件作为一种知识密集的商品化产品，在开发过程中需要花费大量的人力物力，为开发软件而付出的成本往往是硬件价值的数倍甚至数百倍。然而，计算机软件的易复制性导致软件产品的产权威胁日趋严重。有资料表明，近年来，全球软件业每年因非法盗版而蒙受的损失超过 130 亿美元，而且损失量呈逐年递增的趋势，有些国家软件盗版率甚至高达 95%。各国政府对于盗版所带来的税收、就业、法律等诸多问题都高度关注，尤其是在中国这样的经济快速发展但相关管理相对滞后的巨大市场中，非法复制软件已经带来了严重的社会问题。

（2）软件跟踪。

在计算机软件开发出来以后，总有人利用各种调试分析工具对程序进行跟踪和逐条运行、窃取软件源码、取消其防复制和加密功能，从而实现对软件的动态破译。当前软件跟踪技术主要是通过系统中提供的单步中断和断点中断功能实现的，可分为动态跟踪和静态跟踪两种。动态跟踪是利用调试工具强行把程序中断到某处，使程序单步执行，从而跟踪分析。静态分析是利用反编译工具将软件反编译成源代码形式进行分析。

（3）软件质量问题。

由于种种因素，软件开发商所提供的软件不可避免地存在这样或那样的缺陷，就连全球最大的软件供应商（如微软公司）所提供的软件也是如此，我们通常把软件中存在的这些缺陷称为漏洞，这些漏洞严重威胁了软件系统的安全。近年来，因软件漏洞而引起的安全事件数量越来越多，并呈上升趋势。一些热衷于寻找各种软件漏洞的“高手”往往能够发现软件存在的问题，并且绝大部分软件漏洞都是这些“高手”发现的，他们会利用这些漏洞做一些不利于软件用户的工作，这对用户来说是非常危险的。

2. 网络软件产品安全的重要性

时间在推移，中国早已迎来了大数据时代。在这个时代，人们能够进行信息的分享，而且能够更高效、更精确地处理信息。然而，在分享资源的过程中，也会产生一些危险的因素，从而造成用户的隐私泄露。用户信息的泄露将直接威胁到个人的财产、隐私安全。

目前，影响网络软件安全的危险因素越来越多，几乎各行各业的内部信息、重要文件储存在了计算机中，如果技术人员无法维护网络的安全，那么这些信息很有可能会泄露出去，给公司带来巨大的经济亏损。同理，个人的计算机中也保存着大量的隐私，一旦网络软件的安全被破坏，那么就会导致用户的资料被盗用，从而对使用者的人身安全造成极大的威胁。从以上的分析可以看出，网络软件的安全性是非常重要的，它直接关系到未来网络的发展。因此，必须采取有效的措施来处理当前网络软件的安全问题，尽量减少一些风险，从而增强网络软件的安全性。

3. 影响网络软件产品安全的主要因素

（1）计算机病毒。

计算机病毒是影响网络软件安全的一个主要因素。当今时代，网络上的病毒种类繁多，防不胜防，已经严重威胁到软件的安全性。随着网络系统的不断升级，某些不法之徒会针对目前的系统开发出相应的病毒，但是许多查杀病毒的软件都没有及时更新，于是就给了新的病毒可乘之机。现如今，市场上大部分的杀毒软件都不能及时更新，所以在病毒出现的时候，它们并不能采取相应的应对措施。这些新的病毒可以很轻易地侵入使用者的计算机，盗取使用者的个人资料，甚至还会盗取重要单位的资料，给社会治安造成严重影响。病毒的侵入也会缩短计算机的使用寿命，降低计算机的处理速度，妨碍计算机的正常工作。

（2）黑客攻击。

与上一点的内容有所不同，这里要讲的攻击是全部由人工操纵的。黑客攻击是指识别并利用计算机系统或网络中的弱点，目的通常是不经授权而访问个人或组织数据。黑客会使用一些不正当的方法来攻击计算机，盗取计算机里的资料。因为每个黑客的目的和操作手段差异很大，所以给使用者带来的损害也是不同的。比如：有的黑客只是为了满足自己的优越感，炫耀自己的计算机技术；有的黑客会为了个人利益，对其他网络系统进行恶意的篡改；还有的黑客会入侵核心部门的系统，窃取关键的资料以供买卖。不管是出于何种原因，入侵计算机都会对计算机的安全造成极大的威胁。

（3）软件跟踪的隐患。

开发者完成计算机网络软件的开发工作后，部分非法用户可能会利用调试工具跟踪、逐条运行这一软件。这种恶劣的方法会破坏软件源码，导致加密功能无法充分发挥作用。除此之外，非法人员还可能复制相关信息，致使软件被动态破译。

4. 网络软件安全防护的有效策略

（1）对网络进行实时监控。

虽然使用防火墙可以防范一定程度上的风险，但它的能力却是有限的。而实时的网络监控则可以快速地对计算机进行检查，并检查出所有的安全隐患。我们需要利用网络监控对计算机进行定期的检测，以防止病毒、黑客的攻击。在日常的计算机系统检查中，如果发现有问题，要及时请专人处理，以防止因操作不当而引起的安全事故。

（2）增强硬件方面的保护力度。

只有硬件和软件共同作用、相互协调，才能更好地保证软件的安全性。在硬件方面，必须从安全和严谨两个角度来配合。有的黑客通常会通过远程手段来攻击计算机，面对这种情况，就必须要设计好硬件系统，时刻提防，比如设置好存取权限等。在软件方面，要严格确保软件的可用性、完整性。一旦在使用过程中出现问题，一定要及时解决，以免出现更加严重的故障。

（3）大力培养网络空间安全防护人才。

在软件的安全保护方面，国内现有的技术还有很大的进步空间，技术人员的专业素质也需要不断提升。我国应该把重点放在培养人才上，因为只有基于扎实的理论知识和丰富的实践经验，才能创造出更好的安全防范系统。因此，高校应该加大对网络空间安全技术人才的培养力度。同时，国家还可以为相关领域的学生提供实习机会，加强对技术人才的培训，提高人才的专业能力。

（4）网络软件的加密。

由于计算机软件是一种特殊的商品，极易复制，所以加密就成了保护软件产权的一种最重要的手段。现在市场上流行的软件大都采取了一定的加密方法，其目的就在于保护软件开发者的利益，防止软件被盗版。但我们往往看到，一套好的正版软件刚刚在市场上流行起来，就出现了盗版的软件。

①密码方式：密码方式就是在软件执行过程中在一些重要的地方询问密码，用户依照密码表输入密码，程序才能继续执行。此种方式实现简单，但也存在着缺点：破坏了正常的人机对话，很容易让用户感到厌烦；密码相对固定，非法用户只需复制密码表就可以非法使用该软件；加密点比较固定，软件容易被解密。

②软件自校验方式：软件自校验方式就是开发商将软件装入用户硬盘，安装程序自动记录计算机硬件的奇偶校验和软件安装的磁道位置等信息，或者在硬盘的特殊磁道、CMOS 中做一定标记，而后自动改写被安装的程序。软件安装完之后，执行时就会校验这些安装时记录的信息或标记。使用此种加密方式，用户在正常使用软件时感觉不到加密的存在，加密相对也比较可靠，为许多软件开发商所采用。但这种方式也存在一定缺陷，用户增减或更换计算机硬件、压缩硬盘、CMOS 掉电等情况都会致使软件不能正常执行。

③硬加密：硬加密也是目前广泛采用的加密手段。所谓硬加密，就是通过硬件和软件结合的方式来实现软件的加密，加密后软件执行时需访问相应的硬件，如插在计算机扩展槽上的卡或插在计算机并口上的“狗”。采用硬加密的软件执行时需和相应的硬件交换数据，若没有相应的硬件，加密后的软件也将无法执行。目前比较典型的产品包括加密卡、软件锁/狗、智能化软件锁/狗及智能型软件锁/狗等。其中加密卡的加密强度高，反跟踪措施完备。但当软件换一台计算机使用时，必须要打开两台计算机的机箱，用户使用不太方便，而且加密卡成本也较高，所以一般为系统集成开发商所使用。

（5）反跟踪技术。

反跟踪技术是一种防止利用调试工具或跟踪软件来窃取软件源码、取消软件防复制和加密功能的技术。一个好的加密软件通常是和反跟踪分不开的。因为一个软件被攻击都是从软件被跟踪开始的，所以如果没有反跟踪技术就等于把程序直接裸露在解密者的面前。如果反跟踪技术稍有漏洞就会影响到加密技术的可靠性。

（6）防止非法复制。

软件自身具有易于复制的特性，同时，社会、法律为软件产品提供的保护又不是很充分，这迫使一些软件公司和开发人员采取了自卫手段，从而出现了软件保护技术。软件的非法复制，在没有采取反复制措施的情况下，是指对软件未经授权地非法复制后出售或使用软件；在有加密措施的情况下，是指先破解防盗版加密，后利用非法复制后出售或使用软件。许多非法复制软件都带有病毒和一些后门程序，这样就会给用户带来潜在的威胁。这些病毒和后门程序会在用户毫无察觉的情况下在后台运行，有时计算机会产生一些莫名其妙且十分恼人的小毛病，并有可能导致系统崩溃，甚至网络故障；而后门程序则有可能导致机内存储的重要数据不知不觉中丢失或被篡改、删除等。这样，软件用户的数据安全性就不能得到保障。

2.4 信息安全的概念和主要研究内容

《计算机信息系统安全保护等级划分准则》（GB 17859—1999）既是计算机信息系统的标准，也是网络空间安全的标准。这表明，网络空间安全和信息安全两者存在密切的关联和相互依赖性。

第一，网络空间是信息传输和存储的媒介。信息在网络中传输、存储和处理，因此网络空间安全和信息安全直接相关。网络是信息传输的通道，而信息的安全性则涉及信息在这些通道上的传输、存储和处理过程中的安全。

第二，信息安全关注数据的保密性，即确保敏感信息不被未经授权的人访问。在网络空间中，数据经常通过网络传输，因此网络安全措施如加密和访问控制对于维护信息安全至关重要。

第三，信息安全也关注数据的完整性，即确保数据在传输或存储过程中没有被篡改。网络安全措施如数字签名和数据校验有助于确保数据在网络传输中的完整性。

第四，信息安全还涵盖了数据的可用性，即确保数据在需要时可被访问。网络安全措施有助于防止拒绝服务攻击等威胁，从而维护数据的可用性。

第五，许多网络空间的威胁直接影响信息安全。例如，网络攻击、恶意软件和网络钓鱼攻击等威胁可以危及信息的机密性、完整性和可用性。

第六，信息安全控制经常依赖于网络安全控制。网络防火墙、入侵检测系统和访问控制是保护信息安全的关键工具，它们在网络空间中起着重要作用。

第七，很多法规和合规性要求关注信息安全，包括数据隐私法规。因此，网络空间安全必须考虑如何满足这些法规和合规性要求，以保护信息安全。

总之，网络空间安全和信息安全是相互交织在一起的概念，它们共同努力确保网络中传输和存储的信息得到充分保护。因此，在谈论网络空间安全时，通常需要考虑信息安全，以确保在网络环境中信息的安全性和完整性。

本节将从保障数据传输安全的主要方法、网络信息加密算法的原理、网络有害信息的监察与治理措施三个方面进行科普。

2.4.1 保障数据传输安全的主要方法

数据传输安全是指数据在网络或其他通信渠道传输的过程中，保障数据不被非法拦截、窃听、篡改和伪造等恶意行为影响，确保数据传输的完整性、机密性和可用性，以防止数据泄露、损坏、丢失等情况发生。数据传输安全需要从多个方面进行保护，可采用网络连接安全、数据加密、身份验证、防火墙配置、VPN技术等多种措施。在当今数字化时代，数据传输安全愈发重要，尤其对于企业和机构来说，数据传输安全关系到公司的核心机密、客户隐私等敏感信息的保护，必须高度重视并积极采取相应的措施。为保证传输数据的安全性，主要有以下四种方法。

1. 数据加密

数据加密是保密数据的重要方法，常见的加密算法有可逆加密算法和不可逆加密算法，可逆加密算法又分为对称加密算法和非对称加密算法。

比如系统的登录操作，客户输入用户名和密码登录，如果不进行任何保护措施，用户名和密码明文传输，被不法分子截获数据后，显然是不安全的。如果我们这时对密码进行不可逆加密（如MD5），或对用户名进行可逆加密（如DES），这时再截获数据时，得到的将是一串密文，显然，即使要破解，也需要相当长的时间。

但这样会出现一个明显问题，即接口吞吐量下降明显。加密情况下，由于需要解密数据，接口的响应速度会下降。对于一些非重要数据而言，或许就不值得通过牺牲性能来换取安全了。

2. 数据签名

数据签名是指在对传输的数据进行一些不可逆加密算法，生成一段签名字符串Sign。比如上述例子中，登录操作中如果还要传输IP等不太重要的数据，这时可以对全部传输数据进行签名，生成Sign，将其传入后端，后端用同样算法及密钥计算比较Sign，如果一致认为数据正确，则直接拿到IP等数据，不一致则认为被修改过，返回错误信息。

3. Session和Token机制

Session机制是一种服务器端的会话管理技术，用于跟踪用户在一次交互中的状态信息。在用户与服务器之间建立连接后，服务器会为每个用户创建一个唯一的会话标识符，通常称为 Session ID。当用户登录到系统时，服务器会创建一个新的会话，并分配一个 Session ID 给用户。该 Session ID 存储在用户的浏览器 cookie 中或通过 URL 参数传递，以便用户的后续请求可以被关联到正确的会话。服务器会在会话中存储用户的状态信息，如登录状态、购物车内容等。Session 机制用于维护用户的身份认证和状态信息，以确保用户在一次交互中的各个请求可以被正确关联到同一个用户，并且只有已登录的用户才能访问受限资源。

Token 机制是一种无状态的身份认证和授权机制，通常用于通过令牌（Token）来验证用户身份和授权用户访问资源。用户在登录时会提供其凭证（通常是用户名和密码），服务器验证凭证后生成一个令牌，并将其返回给用户。用户将令牌包含在后续请求的标头或参数中。服务器使用令牌验证用户的身份，并根据令牌的内容授权用户访问资源。Token 机制用于实现分布式系统中的身份认证和授权，以及提供无状态的用户会话管理。它适用于 Web API、单点登录（SSO）系统和移动应用等场景。

Session（cookie）和 Token 机制的出现是为了校验用户状态的。比如不法分子在知道了我们的后台接口后，会恶意伪造大量数据进行攻击，即使这些数据不正确，但由于服务器每次都需要校验这些数据的正确性，显然也会带来大量性能攻击。但这是可以进行优化的。设想，如果用户登录后，则只有登录的用户可以访问这些接口，每次请求到来，均需先校验用户登录状态，对于 Session 而言，如果没有 Session ID 或者 Session ID 错误、过期则会直接返回登录界面。Token 与 Session 同理，没有 Token 或者 Token 错误、过期的直接返回登录页面。这样，我们通过校验 Token 或者 Session，就可以拒绝大量伪造请求。

4. HTTPS（Hypertext Transfer Protocol Secure）

如上所述，无论数据加密还是签名，我们发现最重要的就是加密方法和加密密钥。如果两台服务器彼此交互，可能不用太担心，但是如果是 Web App 或者原生 App，不法分子反编译前端代码后，就有可能拿到加密方法和加密 key，这就属于 HTTPS 要解决的事情。

HTTPS 是一种用于在网络上传输数据的安全通信协议。它通过加密通信内容来保护数据的机密性和完整性，以确保数据在传输过程中不被窃取或篡改。HTTPS 的数字证书机制是实现其安全性的关键组成部分。HTTPS 就是需要让客户端与服务器端安全地协商出一个对称加密算法，剩下的就是通信时双方使用这个对称加密算法进行加密解密。

2.4.2 网络信息加密算法的原理

网络信息加密是一种数据保护方法，它是保障网络数据传输安全的主要技术支撑之一。其使用特定的算法和密钥，将在网络上传输的数据转化为不可读的形式，以确保只有授权用户能够访问和理解数据内容，从而保护数据的隐私和安全。以下是网络信息加密常见的三种加密算法：对称密钥密码体制、公钥密码体制和哈希密码体制。

1. 对称密钥密码体制

所谓对称密钥密码体制，即加密密钥和解密密钥是用相同的密码体制，如图2－1所示的一般的数据加密模型，通信双方使用的就是对称密钥。

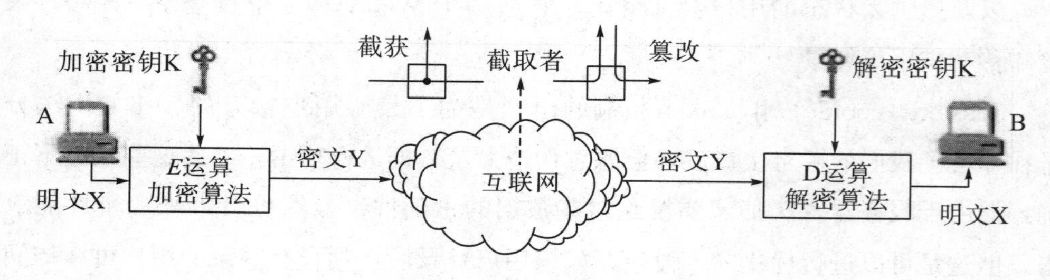

图2－1　一般数据加密模型

图中所示的加密和解密用的密钥K（key）是一串秘密的字符串（即比特串）。

数据加密标准DES属于对称密钥密码体制。DES是一种分组密码。在加密前，先对整个明文进行分组。每一个组为64位长的二进制数据。然后对每一个64位二进制数据进行加密处理，产生一组64位密文数据。最后将各组密文串接起来，即得出整个的密文。使用的密钥占有64位（实际密钥长度为56位，外加8位用于奇偶校验）。

DES的保密性仅取决于对密钥的保密，而算法是公开的。DES的问题在于它的密钥长度过长。56位长的密钥代表着共有256种可能的密钥，也就是说，共有约7.6×10^{16}种密钥。

对称密码体制的优点：

（1）加密效率高，硬件实现可达每秒数百兆字节（软件实现略慢一些）。

（2）密钥相对比较短。

（3）可以用来构造各种密码机制。

(4) 可以用来建造安全性更强的密码。

对称密码体制的缺点：

(1) 通信双方都要保持密钥的秘密性。

(2) 在大型网络中，每个人持有许多密钥。

(3) 为了安全，需要经常更换密钥。

2. 公钥密码体制

公钥密码算法也常称为非对称密码算法。其最大特点是密钥是成对出现的，其密钥对由公钥和私钥组成。公钥和私钥是不相同的，已知私钥可推导出公钥，但已知公钥不能推导出私钥。公钥可对外公开，私钥由用户自己秘密保存。

公钥密码算法有两种基本应用模式：一是加密模式，即以用户公钥作为加密密钥，以用户私钥作为解密密钥，实现多个用户的加密信息只能由一个用户解读；二是认证模式，即以用户私钥进行数字签名，以用户公钥验证签名，实现一个用户的签名可以由多个用户验证。用于加解密中的密钥对称为加密密钥对。用于签名验证中的密钥对称为签名密钥对。

1976 年，Diffie 和 Hellman 在"New directions in cryptography"一文提出了公钥密码的概念，开创了现代密码学的新领域，标志着公钥密码学的开端。所谓公钥密码体制（Public Key Cryptosyetem，记为 PKC），就是将加密密钥和解密密钥分开，并将加密密钥公开，解密密钥保密。这样每个用户拥有两个密钥（公开密钥和秘密钥），并且所有公开密钥均被记录在一个特定的地方。

1978 年，Rivest、Shamir 和 Adleman 提出了第一个实用的公钥密码体制——大家最为熟悉的 RSA 体制。它的安全性基于大数分解，体制的构造基于 Euler 定理。

1982 年，Goldwasser 和 Micali 提出了比特安全性的概念：公钥密码系统的安全性应该使得密文在遭受被动攻击时不能泄露一个比特。这个概念又被称为不可区分选择明文攻击（IND−CPA）安全。

1984 年，Shamir 突破基于目录的公钥认证框架的束缚，提出了基于身份的（Identity−Based）公钥密码系统的思想。

1991 年，Ackoff 和 Simon 提出了一个更强的安全性概念——不可区分适应性选择密文攻击（IND−CAA2）安全。

2001 年，Boneh 和 Franklin 基于双线性配对技术提出了第一个实用的基于身份的密码方案。同年，Cocks 也基于二次剩余理论提出了另外一个基于身份的加密方案。

目前的公钥密码主要有 RSA、ECC、IBC 三类。针对 RSA 我国没有相应的标准算法出台；而针对 ECC 和 IBC，我国分别有相应的 SM2、SM9 标准算法发布。

公钥密码体制的优点：

（1）密钥分发方便（公钥公开，解决大规模网络应用中密钥的分发和管理问题）。

（2）密钥保管量少（仅私钥）。

（3）支持数字签名（实现网络中的数字签名机制）。

公钥密码体制的缺点：

（1）加密速度较慢，效率非常低。

（2）仅用于小规模的数据加密、数字签名、密钥管理。

3. 哈希密码体制

所谓哈希密码体制，是一种密码学安全技术，它用于存储和验证用户密码，以确保用户的身份和数据安全。哈希密码体制的核心思想是将用户密码经过哈希函数处理，生成一个不可逆的散列值（哈希值），然后将这个哈希值存储在系统中，而不是存储用户的明文密码。这有助于保护用户密码，即使系统被攻破，攻击者也无法轻易获得用户的实际密码。

哈希密码体制依赖于强哈希函数，它能够将任意长度的输入数据转化为固定长度的哈希值。常见的哈希函数包括 SHA-256 和 MD5。这些函数具有以下特性：

（1）不可逆性：无法从哈希值还原出原始输入数据。

（2）固定输出长度：相同长度地输入数据，生成相同长度的哈希值。

（3）抗碰撞性：极难找到两个不同的输入数据，它们生成相同的哈希值。

（4）密码存储：用户的密码不以明文形式存储在系统中。相反，系统存储用户的密码哈希值。当用户登录时，系统将输入的密码进行哈希，然后与存储的哈希值进行比较。

（5）安全性：哈希密码体制提供了一定程度的安全性，但不免疫于某些攻击，如暴力破解和彩虹表攻击。因此，使用强密码策略和适当的哈希函数选择是至关重要的。

总的来说，哈希密码体制是一种常见的密码存储和验证方法，用于保护用户密码和身份。然而，随着计算能力的提高，安全性仍然需要不断提升，因此密码学家和安全专家正在不断改进哈希密码体制和推出更强大的哈希函数，以应对不断发展的威胁。

哈希加密的特点是只能由明文加密得到密文且密文较原文很小，不能由密文反推出明文。其中代表算法有：MD5、SHA1、SHA256。

4. 对称密钥密码体制、公钥密码体制和哈希密码体制三种密码体制的综合应用

对称密钥密码体制适用于加密大量数据，但需要密钥管理。公钥密码体制解决了密钥分发问题，用于安全通信和身份验证。哈希密码体制用于数据完整性验证和密码存储等，但不提供加密功能。

这三种密码体制通常结合使用，以满足不同的安全需求。例如，公钥密码体制用于密钥交换，对称密码体制用于数据加密，哈希密码体制用于数据完整性验证。不同的应用和场景可能需要不同的密码体制，以综合满足安全性和性能需求。

2.4.3 网络有害信息的监察与治理措施

网络的开放性有利于人们在网上发表自己的观点，抒发情感。但有的人为了娱乐，会发布一些无聊的信息；也有的人会利用网络编造虚假信息骗取钱财。因此，网络中存在部分不正确的信息、不值得一读的信息或不可信的虚假信息。这些有害信息对广大网民，尤其是青少年将造成不良影响。网络有害信息是指网络上一切可能对现存法律、公共秩序、道德、信息安全等造成破坏或者威胁的数据、新闻等。

1. 网络有害信息的内容表现形式

（1）黄、赌、毒、暴力等信息。

随着互联网的进一步普及，许多违法犯罪活动转移到了网络空间，例如，网上招嫖、网络赌博、精心设计所谓“杀猪盘”、在一些游戏里渲染暴力等屡见不鲜。这些信息借助网络空间滋长蔓延，成为有害信息的主要组成部分。

（2）网络谣言。

网络谣言是被凭空捏造出来的、在网络流传的信息。马克·吐温曾有一句举世皆知的名言：“谎言跨越半个地球的时候，真相还在穿鞋。”这句话强调了辟谣的难度和时滞性。网络谣言具有传播速度快、传播范围广、传播渠道交错互动及传播过程难以控制等特点。

（3）分裂国家的信息。

近年来，随着互联网的普及，一些境外势力、不法分子意图在互联网上“分裂

国家”，从而达到自己的政治目的，这类信息会对稳定的社会秩序造成极大的破坏。

（4）缺乏人文关怀与新闻职业道德的新闻报道。

真实是新闻的本源，也是新闻的第一要素。但是新闻报道在真实的同时还受到社会责任和新闻职业道德的制约。不考虑社会责任和职业道德，一味强调真实的新闻报道，同样也是有害的。比如在某些刑事案件中对犯罪细节进行详尽描述、在战争的报道中忽略对受害者的人文关怀等即是这一类报道的典型。

（5）情绪化信息。

当前社交媒体由于缺乏“把关”，在网络传播过程中常常处于不理智的状态，犹如一把“双刃剑”，在给人们提供方便的同时，也给人们带来了潜移默化的影响。传播学者罗杰斯把大众传播过程分为两个方面：一是作为信息传递过程的信息流，二是作为效果或影响的产生和波及过程的影响流。传播者会无形中充当意见领袖的角色，其对于该信息的看法会一并被传递，在后续报道中，由于先入为主的观点判定，情绪往往会成为事实的主导者，会导致感觉代替思维，影响受众的客观判断。

2. 有害信息防范治理措施

（1）政府应在源头上健全法律法规。

近年来，我国政府出台了各种法律法规来打击网络有害信息。例如，2017年6月1日起施行的《中华人民共和国网络空间安全法》就是为了保障网络空间安全、促进经济社会信息化健康发展而制定的法律。因此，在源头上健全相关法律法规，加大有害信息的惩治力度是各级政府工作的重中之重。

（2）平台应积极落实第一“把关人”责任。

平台是第一“把关人”，不管是什么样的法律法规，最终落脚点还是平台。平台不能仅仅考虑经济利益，要经济利益与社会责任并重，这样才能行稳致远。

（3）受众应多领域涉猎，尽量避免所谓的“信息茧房”。

在当前网络社会中，由于“信息茧房”的存在，人们对自己不感兴趣的领域知之甚少，导致个人在其他领域的判断力逐渐降低，从而在面对其他信息时，可能丧失或减弱相关判断力，使得网络有害信息有机可乘。因此，对于某些人来说，提高甄别能力，从自己建构的“信息茧房”中及时走出来，是重要的应对之道。

（4）主流媒体应发挥应有的作用。

主流媒体是党领导下的媒体，其信息源都具有可追溯性。主流媒体应占领舆论高点，承担更多传播真相的责任，及时发布重大事件的一手信息，这样就会大幅压缩网络有害信息的空间。例如，主流媒体应采取各种措施来建立和受众之间的直接连接，从而为受众获取正确、有效信息提供有效路径，从而减少各类网络有害信息可能造成的影响。

（5）综合治理是上策。

应该看到，网络有害信息整治是一个综合治理过程，单靠政府法律法规、平台是治标不治本的，要改进网络治理方式，坚持系统治理、依法治理、综合治理、源头治理。同时利用最新的技术，全面助力网络有害信息治理和正能量传播，对有害信息发现一起处理一起，维护网络风清气朗的生态环境。

3 网络空间安全面临的主要威胁与挑战

3.1 引言

在当今数字化的世界中，网络空间已经成为信息传播、商业交易、社会互动的关键领域。然而，随着网络技术的不断发展和普及，网络空间也面临着越来越多的威胁和挑战，这些挑战直接影响到我们的民众意识形态、关键网络基础设施以及其他重要设施的安全性。

首先，网络信息的广泛传播可能会显著改变社会的意识形态和价值取向。互联网和社交媒体等新媒体平台为使用者提供了一个广泛的信息渠道，但也容易导致虚假信息、谣言和激进思想的传播与滥用。这些信息可能导致社会分裂、政治不稳定，甚至恐怖主义思想的传播。因此，维护网络空间中的信息质量和真实性对于塑造公众正确意识形态至关重要。

其次，关键网络基础设施的安全性正面临着严峻的挑战。例如，电力系统、水供应、交通控制等关键信息基础设施越来越依赖于网络连接和自动化系统，然而，这些系统容易受到网络攻击和恶意软件的威胁并导致灾难性后果。因此，确保这些基础设施的网络安全至关重要。

除了关键信息基础设施，其他重要设施也面临网络安全挑战。医疗机构的患者记录、金融机构的财务数据、政府机关的敏感信息都可能成为网络攻击的目标。数据泄露和未经授权的访问可能会导致个人隐私的泄露和财务损失，对国家安全和社会稳定构成威胁。

网络空间安全在当今社会变得至关重要，因为它涉及公众意识形态、关键信息基础设施和其他重要设施的安全。了解和应对网络空间的主要威胁与挑战，才能确保我们能够在数字时代继续安全、自由和繁荣地生活。本章将从网络信息对民众意识形态和价值取向的影响、关键网络基础设施及运行维护安全、网络违法犯罪的危害与防范措施等方面进行阐述。

3.2 网络信息对民众意识形态和价值取向的影响

3.2.1 不良不实网络信息的特征

不良不实网络信息是指在互联网和其他数字媒体平台上传播的，具有误导性和潜在危害性的信息。这种信息通常具有以下特征。

1. 虚假性

不良不实网络信息包括虚假信息，即明知故犯的虚假陈述。这些信息可能包括虚假的新闻报道、数据、图片、视频或言论。

2. 未经证实性

不良不实网络信息通常是未经验证的，即未经独立审查或权威机构认证的信息，这使得它们的真实性存疑。

3. 误导性

这类信息可能不是完全虚假的，但它们会以一种具有误导性的方式呈现事实，旨在操纵或误导受众。这可能包括呈现片面或不完整的信息，引导受众达到某种特定的观点或行为。

4. 煽动性

不良不实网络信息可能具有挑衅性和激进性，它们可以激发情感、仇恨或愤怒，并可能导致社会局势紧张。

5. 社会危害性

不良不实信息的传播可能对个人、组织、社会或社会稳定产生负面影响。它们可能导致恐慌、社会分裂、仇恨犯罪、政治不稳定、声誉损害等不良后果。

总之，不良不实网络信息是一种带有欺骗性、误导性和潜在危害性的信息，它们可能对社会、个人和公共利益产生负面影响。识别和应对这种信息是维护网络空间安全和培养个人信息素养的关键组成部分。

3.2.2 网络对虚假信息传播力的影响

互联网的崛起和社交媒体的普及改变了信息传播的方式，同时也放大了虚假信息传播的影响力。虚假信息是指包含错误、误导性或欺骗性内容的信息，这种信息可能以多种形式出现，包括虚假新闻、虚假言论、虚假图片、虚假视频等。网络环境为虚假信息的传播提供了独特的平台，以下是网络对虚假信息传播力产生影响的一些关键方面。

1. 信息速度和广度

在互联网时代，信息的传播速度远远超过了传统媒体。虚假信息可以通过社交媒体平台、新闻网站、聊天应用等多种渠道以惊人的速度传播。这是由以下几个因素造成的：

（1）即时传播。社交媒体和即时通信应用允许用户立即发布消息，且不需要经过编辑和审核。这意味着虚假信息几乎可以瞬间传播到数百万人甚至更多人的手机和电脑上。

（2）分享和转发。社交媒体平台鼓励用户分享和转发内容，这意味着一条虚假信息只需被少数几个人分享，就能够迅速传播到更多人的圈子中。这种指数级的传播增加了虚假信息传播的广度。

（3）全球性覆盖。互联网是全球性的，虚假信息可以迅速跨越国界进行传播，并影响不同文化和地区的受众。

2. 算法过滤和个性化推荐

社交媒体和搜索引擎等在线平台使用复杂的算法来过滤和推荐内容，这对虚假信息的传播产生了重大影响。

（1）个性化推荐。算法根据用户的搜索历史、点击记录和兴趣来推荐内容。这可能导致用户沉浸在一个信息“泡泡”中，只看到与他们已有观点一致的内容。如果用户已经相信某个虚假信息，算法可能会进一步强化他们的信仰，使虚假信息的传播更容易。

（2）过滤算法。一些平台使用过滤算法来删除虚假信息，但这些算法不是完美的。有时，虚假信息可能被过滤系统略过，或者平台可能因言论自由不愿意删除虚假信息。

（3）信息泛滥。由于算法倾向于推荐具有高点击率的内容，所以虚假信息通常会通过引人注目的标题来增加点击率。这使得虚假信息更容易在平台上获得广泛传播。

3. 匿名性和虚假身份

在网络空间中，匿名性允许用户隐藏自己的真实身份。这种匿名性为虚假信息的传播提供了便利，具体表现如下：

（1）匿名性使虚假信息的制作者难以被追踪和识别。他们可以使用虚假用户名、匿名电子邮件地址和虚构的个人信息，从而隐藏自己的真实身份。这使得监管和法律执法机构难以追溯虚假信息的源头，增加了打击虚假信息的难度。

（2）鼓动恶意行为。一些用户可能会滥用匿名性发布虚假信息、恶意攻击他人或进行网络骚扰，而不用担心暴露自己的身份。这种行为可能导致虚假信息的泛滥，破坏网络空间的秩序和信任度。

（3）加剧信息不确定性。匿名性增加了信息的不确定性，因为读者无法确定信息的发布者是否可信。这使得虚假信息更容易被误认为真实，从而加剧了信息的混乱程度。

4. 媒体风格模仿

虚假信息制作者常常模仿正规媒体的风格和语言，使虚假信息看起来更像真实新闻。这种模仿的方式包括以下方面：

（1）伪造新闻网站和社交媒体账户。虚假信息制作者可能会创建虚假的新闻网站、社交媒体账户或博客，以模仿正规媒体的外观和内容风格。这些虚假账户通常使用与真实媒体非常相似的名称和标识，以欺骗读者。

（2）伪造报道。虚假信息可能伪造成真实报道的外观，包括使用相似的排版、图像和语言。这使得虚假信息看起来更可信，更加容易误导读者。

（3）模仿权威性声音。虚假信息制作者可能冒充权威性声音，如政府官员、专家或知名人士，以增加信息的可信度。这种模仿可以使虚假信息更具说服力。

媒体风格模仿使虚假信息更难以辨别，因为它们与正规媒体的外观非常相似。读者需要更加谨慎和批判地对待在线信息，以确保自己不受到虚假信息的欺骗。

5. 情感化内容

虚假信息通常包含情感化的元素，如情感激发、愤怒、恐惧等，这些情感可以引发用户的共鸣和分享，从而加速虚假信息的传播。

虚假信息的传播不仅对个体产生影响，还可能对社会、政治和文化产生深远的影响。因此，阻止网络上虚假信息的传播已成为网络安全的重要组成部分。

3.2.3 网络意识形态安全的典型表现形式

网络意识形态安全是指涉及网络空间中不同社会群体和政治实体之间的意识形态冲突和竞争。这种冲突不仅限于信息传播，还包括关于价值观、信仰、政治立场和社会观念的较量。

1. 政治宣传和信息战

政治宣传和信息战是一种涉及国家、政治实体或利益团体的策略性活动，旨在影响他国的政治氛围和公众意见。这些活动通常包括在线广告、社交媒体宣传、虚假新闻的传播、滥用社交媒体平台进行信息战等手段。它们的目标是塑造对特定政治意识形态的认同感，以便支持宣传国的政治议程。

政治宣传和信息战的典型做法包括使用巧妙的宣传语言、利用社交媒体进行有针对性的信息传播、制作和传播虚假信息以误导受众，以及试图改变其他国家的政治立场或政策方向。这些行为可能违反国际法、破坏国际关系，甚至可能危及国家安全。

2. 社交媒体操纵

社交媒体操纵是指政治实体、团体或个人滥用社交媒体平台，以推广其政治意识形态或目标，并操纵社交媒体上的讨论和话题。这种行为可能包括通过创建虚假账户、使用自动化机器人或网络团队来增加群体声音和影响力，以及有目的地传播偏向特定意识形态的信息。

社交媒体操纵的目的是增加信息的可信度和传播力，从而影响公众的观点和决策。这种行为可能破坏网络空间的公平性和可信度，导致信息混淆和极化。因此，社交媒体平台和政府需要采取措施来检测和应对这些滥用行为，以确保网络空间的公正和透明。

3. 虚假信息传播

意识形态竞争常常伴随着虚假信息的传播。政治实体和团体可能会故意传播虚假信息来破坏对手的声誉、影响选举结果或混淆信息环境。这些虚假信息可能包括政治谣言、假新闻、虚假的统计数据和虚构的事件。

4. 数据泄露和黑客活动

意识形态冲突可能导致黑客活动和敏感数据泄露，旨在揭露政府、政治团体或企业的机密信息，以影响他们的声誉和政治地位。这种活动可能会损害国家安全和国际关系。

5. 网络骚扰和恐吓

在网络空间中，网络骚扰和恐吓是指对特定个人、团体或组织实施带有恶意的行为。这些行为通常包括威胁、侮辱、散布虚假信息、发送骚扰电子邮件或在社交媒体恶意传播消息等。网络骚扰和恐吓可能是出于政治或意识形态动机，也可能是针对性别、种族、宗教或其他身份特征的歧视行为。

这些行为会对受害者的心理和身体健康产生负面影响，也可能剥夺他们在网络空间中自由表达意见和观点的权利。政府和网络平台需要采取措施来应对这些恶意行为，以确保网络空间的安全。这可能包括制定相关法律、强化网络平台的内容审核，以及提供支持和保护受害者等措施。

网络意识形态安全的典型表现形式涵盖了多个层面，从信息战到社交媒体操纵和虚假信息传播，以及对网络自由和隐私的侵犯等。这些形式需要综合的政策和技术策略来应对，以保护网络空间中的信息自由和公共舆论的健康发展。

3.2.4 应对网络意识形态安全的策略

维护网络空间的安全和健康发展是当今社会的重要任务。面对网络意识形态安全的挑战，我们需要采取多层次、多方面的策略来保护信息自由、公平竞争和个人隐私。

1. 政治宣传和信息战的应对策略

事实检查和信息验证：政府、媒体和社交媒体平台可以建立事实检查机构，验证信息的真实性。事实检查机构应提供公开的事实核查报告，以帮助公众辨别虚假信息。

透明度和信息披露：政府和政治实体应提高透明度，公开宣传信息战活动的来源和目的。信息披露有助于揭示潜在的操纵行为。

加强网络安全：提高政府和政治实体的网络安全，以防止信息战中的网络攻击。这包括保护政府和政治机构的信息基础设施免受黑客攻击。

教育和培训：教育公众和媒体从业人员如何辨别虚假信息和政治宣传。提供在线培训和教育课程，以提高公民信息素养。

国际协作：国际社会应加强合作，共同应对跨国政治宣传和信息战。这包括信息共享、技术协作和制定国际法，以应对全球性信息安全威胁。

2. 社交媒体操纵的应对策略

用户身份验证：社交媒体平台可以要求用户进行身份验证，确保他们的身份真实，这可以减少虚假账户的存在。

自动化检测和删除：社交媒体平台应使用自动化工具来检测并删除虚假账户和虚假信息，这有助于减少操纵行为。

透明广告政策：平台应实施透明的广告政策，要求广告投放者披露其政治宣传和信息战活动，使公众能够了解广告的真实来源。

算法透明度：社交媒体平台应提供更多的算法透明度，向公众解释如何推荐内容和显示信息，以减少过度个性化和信息过滤。

用户教育：提供用户教育和指南，帮助他们识别虚假信息和操纵行为。这可以通过在线资源、提示和信息标记来实现。

监管和法规：政府可以制定更加严格的监管制度和法规，要求社交媒体平台采取措施防止被操纵，同时保护用户隐私和言论自由。

3. 虚假信息传播的应对策略

事实检查和信息验证：媒体和社交媒体平台应建立事实检查机构，验证信息的真实性，并提供公开的事实核查报告，以帮助公众辨别虚假信息。

教育和媒体素养：教育公众如何辨别虚假信息，培养媒体素养，提高信息辨别能力。这可以通过学校课程、社区教育和媒体素养培训来实现。

内容标记和警示：社交媒体平台可以标记虚假信息，提供警示，以帮助用户辨别不准确或误导性的内容。

法律和法规：制定和强化相关法律和法规，明确虚假信息传播的违法性，并规定惩罚。这可以包括对虚假信息制作者的民事和刑事诉讼。

4. 数据泄露和黑客活动的应对策略

网络安全强化：政府、企业和组织应采取有效的网络安全措施，包括加密、身份验证、漏洞修补和入侵检测系统，以防止黑客入侵和数据泄露。

数据隐私法规：制定和执行数据隐私法规，要求组织保护用户数据，报告数据泄露事件，并采取措施通知受影响的用户。

威慑措施：增加对黑客活动的威慑力度，包括追踪和起诉黑客，制定更严格的民事和刑事处罚。

教育和培训：培训员工和用户，提高他们的网络安全意识，教授如何防范恶意软件和钓鱼攻击等威胁。

跨部门协作：政府、执法机构和私营部门应加强跨部门协作，共同应对黑客活动和数据泄露事件，及时分享情报和应对策略。

5. 网络骚扰和恐吓的应对策略

法律保护：制定和强化相关法律，明确网络骚扰和恐吓的违法性，规定刑事和民事责任，并确保受害者有权追究骚扰者的法律责任。

在线平台策略：社交媒体和在线平台应制定和实施反骚扰政策，以禁止或删除恶意行为和内容。它们还可以提供举报机制，以帮助用户检举骚扰行为。

教育和预防：教育公众和学生如何避免成为网络骚扰和恐吓的目标，强调网络行为需承担的责任和尊重意识。

网络素养：提高公民的网络素养，教育用户如何辨别和应对网络骚扰和恐吓，并避免泄露个人信息。

这些详细的策略需要政府、网络平台、执法机构、非营利组织和公众之间相互合作，以确保网络空间的安全。这也有助于维护网络空间的公平、透明和健康发展。

3.3　关键网络基础设施及运行维护安全

3.3.1　关键网络基础设施的种类

网络基础设施是指用于支持现代通信、数据传输和信息交换的物理和虚拟设备、系统以及网络互联结构。这些基础设施在网络空间中扮演着关键的角色，为人们提供互联网、通信和数据服务。

网络基础设施包括以下种类。

1. 通信设备和技术

通信设备和技术包括网络服务器、路由器、交换机、光纤、卫星通信和无线通信技术等，用于数据传输和通信。

2. 互联网基础设施

互联网基础设施包括域名系统（DNS）、IP 地址分配、云计算数据中心、内容分发网络（CDN）等，用于确保互联网的可用性和全球互通性。

3. 电信基础设施

电信基础设施包括电话系统、移动通信、宽带网络和卫星通信，能够为声音和数据通信提供支持。

4. 数据中心

数据中心是存储和处理大规模数据的设施，包括服务器、存储设备和网络连接。

5. 云计算

云计算是一种基于互联网的计算方式，通过这种方式，共享的软硬件资源或信息资源可以按需提供给计算机或其他设备。

6. 物联网（IoT）设备

物联网设备连接了各种物理对象，使它们能够通过互联网相互通信和交换数据。

7. 通信卫星

通信卫星用于远程通信、卫星互联网和全球覆盖的通信。

这些网络基础设施构建了现代社会的数字基础，支撑了全球化、数字化和信息化的发展。网络基础设施的安全性、可靠性和稳定性至关重要，因为它们直接影响到公众生活、经济活动和国家安全。维护网络基础设施的安全性是网络空间安全的核心任务之一。

3.3.2　网络基础设施面临的主要挑战

网络基础设施面临着各种挑战，如何确保网络空间的安全和可用性至关重要。只有具体了解网络基础设施所面临的挑战，才能根据具体的挑战提出合理的意见和建议。以下是一些网络基础设施面临的主要挑战。

1. 网络攻击和威胁

网络基础设施经常会受到各种网络攻击，包括分布式拒绝服务攻击（DDoS）、恶意软件、勒索软件和网络入侵。这些攻击可能导致网络服务中断、数据泄露和损坏。

2. 物理破坏和自然灾害

物理破坏（如人为造成的恐怖袭击或故意毁坏）和自然灾害（如风暴、地震或火灾）都可能严重影响网络基础设施的运行。

3. 供应链攻击

攻击者可能会在网络基础设施的供应链中植入恶意硬件或软件，以便在设备或系统中引入后门，从而威胁网络的安全性。

4. 人为错误

人为错误和操作失误可能导致网络故障和数据泄露。员工培训和最佳实践的实施可以减少这种事故的发生。

5. 快速技术演进

技术的快速演进和新兴技术的采用，如物联网（IoT）、云计算和5G技术，增加了网络基础设施的复杂性和挑战性，使我们亟须适应新的威胁并提出新的安全需求。

6. 隐私和合规性

随着对个人隐私和数据安全的关注不断增加，网络基础设施必须遵守严格的隐私法规和合规性要求，以保护用户数据的安全。

7. 国际冲突和政治干预

全球网络基础设施容易成为国际冲突和政治干预的目标。国家之间的网络冲突和信息战可能对网络基础设施造成威胁。

8. 供电和能源可用性

电力供应的可用性对网络基础设施至关重要，断电或能源供应问题可能导致服务中断。

应对这些挑战需要综合的安全策略，包括网络安全强化、物理保护、危机管理和合规性措施。此外，国际合作也是解决网络基础设施安全挑战的关键因素。网络没有国界，只有跨国合作才能更好地应对国际网络威胁。

3.3.3 保障网络基础设施运行安全主要措施

保障网络基础设施运行安全是保障国家安全至关重要的一环。针对网络基础设施面临的各种安全挑战，我们要相应提出不同的应对措施。

1. 应对网络攻击和威胁的措施

网络安全策略：制定全面的网络安全策略，明确安全政策的定义、程序和标准。这包括访问控制、身份验证、数据加密和事件监测等方面的准则。

入侵检测和防火墙：部署先进的入侵检测系统（IDS）和入侵防御系统（IPS）以及网络防火墙，实时监控网络流量，检测和阻止潜在攻击。

数据备份和灾难恢复计划：建立有效的数据备份和恢复计划，确保数据的完整性和可用性，以应对数据损失或破坏。

漏洞管理：定期审查和管理系统，及时修补已知漏洞，以减少攻击面。

2. 应对物理破坏和自然灾害的措施

多样化地理位置：在不同地理位置建立备用数据中心和网络节点，确保冗余性和故障切换能力。这可以在一处节点受到破坏时维持服务的连续性。

物理安全评估：对关键网络基础设施进行物理安全评估，确保建筑物和设备具备足够的抗灾能力。这可能包括对建筑结构的改进、安全门禁措施和火灾防护措施。

备用电源和能源管理：部署备用电源，如发电机和不间断电源（UPS），以确保网络设备在电力中断时仍然可以运行。同时，建立能源管理策略以确保稳定供电。

灾难恢复计划：制订完备的灾难恢复计划，包括备用设备和通信方案，以快速恢复关键网络功能。

3. 应对供应链攻击的措施

硬件和软件验证：对从供应链获取的硬件和软件进行验证，以确保它们没有被篡改或感染恶意代码。同时可以使用数字签名、哈希值检查和信任的供应商来验证产品的完整性。

供应链透明度：提高供应链的透明度，了解产品的制造和分发过程。这有助于识别潜在的风险因素和弱点。

威胁情报分享：加入威胁情报共享组织，及时获取供应链和合作伙伴可能受到的威胁情报，以采取相应的防护措施。

紧急计划和应急响应：制订供应链应急计划，以迅速应对供应链攻击，包括隔离受影响的部分、恢复系统和数据备份。

4. 应对人为错误的措施

员工培训：提供员工培训，教育他们如何避免人为错误和操作失误，以及当事件发生时应如何应对。

自动化和智能监控：使用自动化系统和智能监控来减少对人为错误的依赖。

5. 应对快速技术演进的措施

安全更新和升级：定期更新和升级网络基础设施，确保系统能够抵御新兴威胁。

威胁情报分享：参与威胁情报共享机制，及时获取最新的威胁信息，以采取适当的安全措施。

6. 应对隐私和合规性的措施

隐私保护政策：制定和实施隐私保护政策，确保这些措施的合规性，并保护用户数据安全。

数据加密：使用强化的数据加密技术来保护敏感信息，以防止数据泄露。

7. 应对国际冲突和政治干预的措施

国际合作：加强国际合作，与其他国家分享网络安全情报，共同应对跨国网络威胁。

网络安全外交：参与网络安全外交，促进国际规则和准则的制定，以维护网络空间的稳定和安全。

8. 应对供电和能源可用性的措施

备用电源：部署备用电源，如发电机和蓄电池系统，以确保在电力中断时维持网络基础设施的运行。

能源效率：采取能源效率措施，降低能源消耗，延长备用电源的持续时间。

维护网络基础设施的安全性需要综合性的策略和措施，包括技术、培训、政策和国际合作。这些措施有助于抵御网络基础设施面临的各种威胁，确保其可用性、完整性和保密性，从而维护社会的正常运行和国家的安全。

3.4 网络违法犯罪的危害与防范措施

随着网络技术的发展，借助计算机、网络等信息技术手段，以联网计算机和网络为工具，或以联网计算机和网络为攻击对象，抑或以互联网为犯罪活动场所实施的严重危害社会的行为也越来越多。本节将深入探讨网络违法犯罪的危害，并提出应对这一威胁的主要措施。

3.4.1 网络犯罪的定义

“网络犯罪”一词本身并不是罪名，而是对犯罪的一种描述，网络犯罪涉及的罪名可以是多种多样的。网络犯罪是指行为人运用计算机技术，借助于网络对他人系统或信息进行攻击、破坏或利用网络进行其他犯罪的总称。其既包括行为人运用编程、加密、解码技术或工具在网络上实施的犯罪，也包括行为人利用软件指令、网络系统或产品加密等技术及法律规定上的漏洞在网络内外交互实施的犯罪，还包括行为人凭借其网络服务提供者的特定地位或其他方法在网络系统实施的犯罪。简言之，网络犯罪是针对和利用网络进行的，以计算机及网络技术为犯罪对象或工具实施的犯罪行为。网络犯罪的本质特征是危害网络及其信息的安全与秩序。

目前对计算机信息网络犯罪的界定大致分为以下三种。一是广义的计算机信息网络犯罪，即行为人通过计算机实施故意犯罪或过失违反法律的行为，或者将一切涉及计算机信息网络犯罪均视为计算机信息网络犯罪。二是狭义的计算机信息网络犯罪，即以计算机为工具或以计算机资产为对象，运用计算机技术知识实施的犯罪行为。三是公安部有关部门给出的定义，即在信息活动领域中，利用计算机信息网络或计算机信息网络知识作为手段或者针对计算机信息系统，对国家、团体或个人造成危害，依据法律规定，应当予以刑法处罚的行为。

3.4.2　网络犯罪的类型

网络犯罪是指在互联网和数字领域中进行的各种违法活动。它们在网络时代变得越来越普遍，对个人、组织和国家都构成了严重的威胁。以下是一些常见的网络犯罪类型。

1. 网络诈骗

网络诈骗是指通过虚假信息、欺骗性的网站或电子邮件来欺骗人们的行为。这可能包括虚假的在线购物网站、电子邮件钓鱼攻击以及虚假的社交媒体账户等。

2. 恶意软件和病毒

恶意软件是一种恶意程序，可以在未经授权的情况下进入计算机系统，窃取信息、损坏文件或监视用户活动。病毒是一种常见的恶意软件，它会自行复制并传播到其他计算机。

3. 网络入侵

网络入侵是黑客或不法分子未经授权访问计算机系统或网络的行为。这可能导致数据泄露、系统瘫痪或信息窃取。

4. 勒索软件

勒索软件是一种恶意软件，它会先锁定计算机或文件，然后要求受害者支付赎金以解锁数据。这种犯罪类型已经成为网络犯罪中需要被关注的严重问题。

5. 身份盗窃

身份盗窃是指不法分子盗取他人个人信息，如姓名、社保号码或信用卡信息，然后用这些信息进行欺诈、开立虚假账户或进行其他不法活动。

6. 网络诋毁和骚扰

网络诋毁和骚扰包括通过社交媒体或在线平台传播虚假信息、侮辱性言论或威胁性内容，对他人进行诋毁和骚扰。

7. 数据泄露和黑客攻击

数据泄露是指机构或组织的敏感信息被未经授权的访问和公开。黑客攻击则是指黑客突破网络安全措施，获取敏感数据的行为。

8. 虚拟货币欺诈

虚拟货币的流行也吸引了不法分子的关注，他们通过虚假的投资方案或加密货币交易来欺骗人们的财产。

9. 网络间谍活动

网络间谍活动包括国家间的网络攻击和间谍活动，旨在窃取敏感政治、军事或商业信息。

10. 色情传播

不法分子可能在互联网上传播非法的色情内容，这些不良信息的传播会对人们的生理和心理造成严重的危害。

这些网络犯罪类型涵盖了在数字世界中发生的多种违法行为。为了应对这些威胁，个人和组织需要采取网络安全措施，保护自己的信息和资产免受网络犯罪的侵害。同时，各国也应制定法律框架和国际协定，以防止和打击网络犯罪的发生。

3.4.3 网络犯罪的社会危害

计算机信息网络犯罪对社会的危害广泛而显著，不仅对个人和组织产生负面影响，还对世界、国家、社会治安和青少年身心健康等方面造成危害。

1. 世界范围的危害

国际关系紧张：国家之间的网络攻击和网络间谍活动可能导致国际关系紧张，甚至引发国际冲突，破坏国际和平与安全。

全球经济影响：大规模的网络攻击和数据泄露事件会对全球经济造成直接影响。例如，企业损失资金、股市波动、国际贸易中断都可能导致全球经济不稳定。

2. 国家层面的危害

国家安全：网络犯罪对国家安全构成威胁。例如，黑客和国家间谍可能窃取国家机密信息、军事技术和政府计划，这可能导致国家防御能力的削弱。

政府资源消耗：政府需要投入大量资源来应对网络犯罪，包括执法、网络安全措施和司法程序。这些措施会导致财政负担增加。

3. 社会治安问题

社会不安定：大规模网络攻击可能导致社会混乱和不安定。例如，网络犯罪者可能使电力系统、交通系统或医疗设施瘫痪，对社会造成重大影响。

个人安全威胁：个人可能成为网络犯罪的目标，他们的隐私、财产和身体安全都可能受到威胁。

4. 青少年身心健康问题

网络欺凌：青少年可能成为网络欺凌的受害者，这会对他们的心理健康产生负面影响，导致青少年焦虑、抑郁风险增加。

沉迷网络：青少年容易沉迷于网络犯罪活动，如黑客行为或非法下载。这可能导致他们的学业荒废、社交隔离和生活质量下降。

综上所述，计算机信息网络犯罪对国际、国家、社会治安以及青少年的身心健康都会产生严重危害。因此，合作预防和打击网络犯罪是政府、组织和个人的紧迫任务，国家需要采取综合性的法律、技术和教育措施来减少网络犯罪行为的发生。

3.4.4 网络犯罪防范措施

应对网络犯罪是一个复杂而多层次的任务，需要包括个人、组织、企业和政府的积极参与和合作。只有通过多方合作，我们才能更有效地防范和打击各种网络犯罪行为。

1. 个人层面的防范措施

强密码和多因素认证（MFA）：使用复杂、难以猜测的密码，并启用 MFA 来增加账户安全性。

教育和培训：提高网络安全意识，了解各种网络威胁和攻击手法，学习如何辨别网络钓鱼、欺诈等诈骗行为。

软件和系统更新：定期更新操作系统、应用程序和安全软件，以修补已知漏洞。

备份数据：定期备份重要文件和数据，以防止数据丢失或遭受勒索软件攻击。

网络隐私：谨慎分享个人信息，特别是在社交媒体上，应限制第三方应用程序的权限。

2. 组织和企业层面的防范措施

安全政策和培训：制定并实施网络安全政策，为员工提供网络安全培训，确保员工了解并遵守网络安全政策。

漏洞管理：建立漏洞管理流程，定期审查和修补系统漏洞，以减少潜在的攻击面。

监控和检测：部署入侵检测系统（IDS）和入侵防御系统（IPS），以及安全信息和事件管理（SIEM）工具，以及时检测和响应威胁。

数据加密：加密敏感数据，确保即使数据被盗也难以访问。

供应链安全：审查和加强供应链的网络安全，以防止来自供应链方面的攻击。

3. 政府层面的防范措施

法律法规和执法：制定和强化网络违法犯罪的法律法规，确保能够对违法分子进行起诉和惩罚。

国际合作：加强国际合作，共同打击跨国网络犯罪活动，及时分享情报和最佳实践。

网络安全框架：制定全面的国家网络安全战略，包括建立紧急响应团队和信息共享平台。

监管和审查：加强对关键信息基础设施和关键行业的网络安全监管和审查，确保采取必要的防范措施。

综合来看，网络违法犯罪的防范需要包括个人、组织、企业和政府的多方合作。只有采取综合性的防范措施，我们才能更好地保护网络空间的安全和稳定，减少来自网络犯罪的威胁。同时，因为网络威胁和攻击手法在不断演进，所以不断更新和改进这些措施也是至关重要的。

4 网络空间安全策略

4.1 引言

互联网是人类文明发展的重要成果。互联网在促进经济社会发展的同时，也对监管和治理造成巨大挑战。其中就包括了网络诈骗和网络暴力，这令个人信息、财产和声誉的安全面临着前所未有的威胁。网络诈骗是指不法分子通过虚假信息、欺骗手段或技术手段，骗取个人信息、财产或其他资源的行为。而网络暴力则包括网络欺凌、网络骚扰、恶意谣言等一系列行为，它们可能对受害者的心理和社交生活造成长期伤害。

发展好、治理好互联网，让互联网更好地造福人类是世界各国共同的追求。实践证明，法治是互联网治理的基本方式。运用法治观念、法治思维和法治手段推动互联网发展治理，已经成为全球普遍共识。

网络管理是保护网络空间安全的一种方法。网络空间安全管理，是指为保障网络系统的安全运行，保护网络系统中的数据和用户信息的安全，防止和减少因各种因素对网络的破坏、干扰和非法入侵等危害而采取的各种技术和管理措施的总称，是人们能够安全上网、绿色上网、健康上网的根本保证。网络空间安全管理包括网络空间安全规划、网络空间安全等级保护制度、防火墙设置、物理隔离设施设置及使用、防病毒软件安装与使用管理以及数据备份与恢复等。其最终目的在于为用户提供一个安全可靠的网络运行环境。

当今世界，以互联网为代表的信息技术日新月异，引领社会产生了新变革，创造了人类生活新空间，拓展了国家治理新领域，极大地提高了人类认识世界、改造世界的能力。作为人类社会的共同财富，互联网让世界变成了“地球村”。各国在网络空间互联互通，利益交融，休戚与共。维护网络空间和平与安全，促进开放与合作，共同构建网络空间命运共同体，符合国际社会的共同利益，也是国际社会的共同责任。

《网络空间国际合作战略》全面展示了中国在网络空间相关国际问题上的政策立场，系统阐释了中国开展网络领域对外工作的基本原则、战略目标和行动要点，旨在指导中国今后一个时期参与网络空间国际交流与合作，推动国际社会携手努力，加强对话合作，共同构建和平、安全、开放、合作、有序的网络空间，建立多边、民主、透明的全球互联网治理体系。

本章将围绕坚持依法治网维护网络空间安全、加强网络管理保障网络空间安全、做好数据备份防范网络空间安全、推进国际合作确保网络空间安全四个方面进行介绍。

4.2 坚持依法治网，维护网络空间安全

4.2.1 网络空间法治化概述

“网络空间”作为现代科学技术革命的结果，正在对人类生活产生史无前例的影响。在这个陆地、海洋、空气空间和外层空间之外的人类生活的第五大战略空间，人们往往依靠鼠标和屏幕进行着真实的、与现实世界无异的信息交流和相互交往。但同时，网络空间所具有的虚拟性和全球性，又使之与其他的传统空间有着显著区别。随之而来的问题是：这一空间需要确立什么样的行为规范？应当由谁来制定这些行为规范？对于这一问题，观念上的认识和实践中的发展经过了几个阶段的演变。

自网络空间产生以来，其发展历经了“自我规制”“国内法治”“国际法治”三阶段。从互联网的发明到20世纪90年代中后期，居于主导地位的观念是将网络空间视为一个自由放任的“自主体系”，倡导网络空间“自我规制”，反对将现实世界的各种政府管制延伸到网络空间。但随着网络用户群的急剧扩大和用户成分的日益复杂，网络侵权、网络病毒和黑客攻击等各种不法行为以及安全威胁不断涌现，网络空间“自我规制”下的自由放任状态已经难以为继。在此背景下，从20世纪90年代后期开始，网络空间向所谓“国家回归”的态势日益明显，国家越来越多地通过制定各种国内法规和政策参与网络空间治理。网络空间的发展步入“国内法治”阶段。21世纪以来，随着主权国家日益成为网络活动的重要主体且现实世界的国际关系开始向网络空间延伸，相关国际立法开始调整网络空间，由此网络空间进入

“国际法治”阶段。

主权国家是开展网络空间活动，维护网络空间秩序的关键行为主体，在网络空间治理方面的地位和作用不可替代。因此，网络空间法治化的实质是主权国家权利义务关系的法治化。国际法作为调整国际关系的法律，主体包括主权国家和政府间组织、非政府间组织，其中主权国家处于核心地位。网络空间作为国际空间的一部分，主权国家自然地成为网络空间的核心主体。基于国际法平等原则，在网络空间治理中应该平等地分配主权国家的权利义务关系。

4.2.2 网络空间法治化的必要性

随着互联网影响逐渐增强，网络空间对个体和社会的影响随之增加，新的历史机遇衍生出新的网络治理挑战。加强依法治网成为治理网络空间不可或缺的必要环节。

1. 促进我国网络发展的必要手段

互联网法治建设是网络强国战略的重要组成部分，互联网法治已经并将继续发挥基础性支撑作用。虽然我国网络工作取得了显著成就，互联网信息事业正在朝着安全、全面、系统的方向发展，但是网络强国建设并非一蹴而就的；相反，需要对网络进行更规范有序的治理，依法保障网络空间安全与发展。由此可见，网络强国的建设、网络社会的充分发展，不仅需要持续发挥法律的推动、引导和保障作用，更需要在内容上体现出网络治理必须有法、网络发展必须依法的理念，以此突出法律在促进、实现网络发展中至高无上的地位。

2. 我国谋求竞争新优势的现实需要

首先，互联网带来生产力又一次质的飞跃。人类经历了农业革命、工业革命，正在经历信息革命。在这样一个新的社会发展阶段，如何顺应时代趋势，推动我国信息技术革命发展，并进行合理有效的网络治理是依法治网的一个现实需要。

其次，互联网是各国谋求竞争新优势的战略方向。互联网信息事业代表着新的生产力、新的发展方向。世界各国在网络的影响下日益结为一张巨网，同时互联网渗透在各国诸多领域工作中，日益成为谋求竞争新优势的战略方向，各国陆续采取措施推动本国网络发展。因此，如何规范网络空间治理、维护我国网络空间安全、谋求世界竞争新优势，成为依法治网的第二个现实需要。

最后，互联网时代的到来是中华民族伟大复兴的重要历史机遇，我们应该抓住这一历史发展时期。当前，我国经济已经由高速度发展向高质量发展转变，正处在建设现代化经济体系的重要阶段。互联网特有的传播属性，构成了创新创业的新空间、变革了经济发展的新动力，给不同行业带来了不同发展机遇。不仅如此，通过信息化而实现的新一轮产业革命和技术变革正在悄然升起。移动互联网、云计算、大数据、人工智能等技术研发和推广不断加快，新的产业、新的发展模式等应运而生。因此，如何抓住信息革命的重大历史机遇，加快推动中华民族伟大复兴，成为依法治网的第三个现实需要。

3. 应对我国网络领域日益凸显的管理问题的必然要求

目前，我国网络领域管理问题日益凸显，主要表现在以下几个方面：

（1）网络管理领导体制存在明显弊端。自互联网作为一种新兴事物进入我国，我国便多了一个网络领域的治理问题。由于网络技术的更新换代较为迅猛，我国网络领域的管理已经无法与发展迅猛的形势变化相匹配，具体而言，我国当前的网络空间管理集中体现在三个方面，即互联网基础管理、互联网内容管理以及互联网安全管理。就管理职能而言，国家互联网信息办公室是互联网内容主管部门，工信部、公安部以及其他相关管理部门和行业部门则共同负责有关互联网内容管理、网络基础管理、网络空间安全管理等方面的工作。公安部门拥有针对网络犯罪的独立调查和执法权，但是其他部门之间没有明确界定拥有的权利与责任，出现了多部门职能交叉、管理领导体制明显重叠等现象。

（2）互联网规则不健全。我国自 1994 年接入互联网以来，虽然在网络立法、执法、司法和普法等方面的工作中有一定成效，网络环境日益清明，但我国网络领域中的规则与秩序问题依旧存在，网络法治水平在总体上看来还处于发展阶段。其主要表现为：一是网络法治体系不完善。我国在网络立法中多为应急式立法，主要针对网络发展中的突发事件来制定，缺少事前预见与规划，导致我国在网络立法时缺乏条理与层次，没有形成一套完整的法律框架与法律体系。二是我国在网络执法环节，由于监管部门的缺位、错位而造成网络监管不足、无人管理，影响了法治的权威。三是我国在互联网普法过程中，缺乏有效的网络法治传播机制。网络法治深入人心、广泛传播，可以更好地保障网络法治成效，然而我国在互联网普法过程中只是倡导网民做守法者，未从法律制度层面深入法治精神、鼓励网民成为护法者。同时，传播内容较为单一，多以直接传播法律法规为主，未贴合网民需求和语境，方法简单刻板，不能充分吸引网民，导致网络法治成效欠佳。

4.2.3 全面推进网络空间法治化

“依法治网”的提出标志着我国网络法治事业迈入新阶段，它既是新形势下网络空间的规则化表现，也为建设网络强国提供了重要支撑。构建网络强国，就要把建设法治网络空间作为一项重要内容。

1. 健全网络法律法规

要把政府部门、行政机关、司法机关和社会组织等相关方面的法律法规纳入网络空间。同时，要发挥法律的震慑力，妥善处理网络空间的相关矛盾纠纷，确保每个公民及网民的合法权益得到充分保障。要健全网络法律法规，以更好地维护网络空间的安全和秩序：

（1）隐私保护法。

制定或完善隐私保护法，明确规定个人数据的收集、处理、共享和保护标准。法律应确保个人数据受到充分的保护，同时为追求刑事和民事责任提供有效的法律途径。

（2）网络安全法。

建立全面的网络安全法律框架，涵盖网络空间中的各个方面，包括网络基础设施安全、信息安全、关键信息基础设施安全等。这些法规应规定网络安全标准、监管措施、网络攻击的处罚等内容。

（3）数据保护法。

加强对敏感数据和隐私的保护，制定数据保护法规范，明确数据的收集、存储和使用规则，确保合法的数据管理和跨境数据流动。

（4）网络犯罪法。

制定和完善网络犯罪法，明确网络犯罪行为的定义和处罚，包括网络诈骗、网络恶意软件、黑客攻击等。这些法规应适用于个人、组织和国家行为。

（5）知识产权保护法。

强化知识产权保护，确保数字内容和创新作品的合法权益。这包括版权、专利和商标的法律保护。

（6）网络言论自由法。

平衡网络言论自由和防止网络暴力、仇恨言论、虚假信息传播之间的关系。这些法规应明确定义言论的界限，以防止滥用。

（7）网络安全标准和认证机构。

建立和维护网络安全标准，促进网络设备和服务提供商的合规性。同时，设立认证机构，为企业和组织提供网络安全认证。

（8）跨境合作和国际协议。

加强跨境合作，签订国际协议，以解决跨国网络犯罪和网络安全问题。这包括与其他国家分享情报、制定共同的网络空间规则等。

（9）公众教育和意识提升。

开展广泛的公众教育活动，提高人们对网络法律法规的认知和遵守度。这有助于个人和组织更好地适应网络空间的法律环境。

（10）监管机构设立。

建立专门的网络监管机构，负责监督和执行网络法律法规。这些机构应具备技术专长，能够有效应对网络威胁和违法行为。

总之，健全网络法律法规是维护网络空间安全和秩序的基础。这需要政府、立法机构、行业和公众的共同努力，以确保网络空间能够发展成为一个更加安全和有序的环境。

2. 加大执法力度，坚持依法惩治，严厉查处网络恶性行为

网络恶性行为包括侵犯知识产权、实施资源垄断、网络谣言、虚假广告和敲诈勒索等。加大执法力度、坚持依法惩治、严厉查处网络恶性行为是确保网络空间的安全和秩序的关键措施。

（1）建立专门的网络犯罪执法机构。

政府可以设立专门的网络犯罪执法机构，这些机构具备应对网络犯罪的技术和法律专业知识，可以协调各个部门的合作，确保执法的协同性和高效性。

（2）加强培训和技术支持。

培训执法人员，使他们能够了解最新的网络犯罪方法和技术，从而更好地应对这些问题。此外，提供技术支持，帮助其追踪和解决网络犯罪活动。

（3）建立举报机制。

设立网络犯罪举报渠道，鼓励公众报告网络犯罪行为。这可以帮助执法机构发现潜在的网络罪犯。

（4）加强合作和信息分享。

国际合作至关重要，因为网络犯罪往往涉及跨国界的行为。建立国际信息分享机制，与其他国家的执法部门合作，追踪和起诉跨国网络犯罪分子。

（5）提高处罚力度。

确保网络犯罪行为受到足够的法律惩罚，以威慑潜在的罪犯。这可能包括重罚、刑事起诉和监禁等处罚。

（6）制定法律和法规。

不断修订和更新网络安全相关法律和法规，以适应快速发展的网络威胁。这些法规应明确规定网络犯罪行为，确保执法部门有法可依。

（7）审查和封锁恶意网站。

审查和封锁恶意网站和在线平台，以阻止恶意软件、网络欺诈和虚假信息的传播。

（8）促进数字证据收集。

加强数字证据的收集和保存，确保在调查和起诉网络犯罪行为时有足够的证据支持。

（9）宣传和教育。

开展宣传和教育活动，向公众普及网络犯罪的危害，提醒人们如何在保护自己的基础上协助执法部门。

（10）监管互联网服务提供商。

与互联网服务提供商合作，确保他们遵守法律法规，配合执法部门进行调查。

这些措施的有效实施将有助于减少网络犯罪行为，维护网络空间的安全和秩序，以确保广大公众能够在网络空间中更安全和有信心地活动。

3. 构建网络强国，推广网络素养教育，普及法治意识

把网络法治思想融入网民日常生活中，提高网民遵守法律、尊重他人权利的意识，促进社会主义法治精神的萌芽，形成尊重法律、自觉遵守法律的良好社会风尚。构建网络强国，推广网络素养教育，普及法治意识是实现网络安全和网络空间秩序的关键策略。

（1）网络素养教育。

①学校教育。

将网络素养教育纳入学校课程，从早期教育开始，教授学生有关网络安全、隐私保护、信息识别和数字道德等方面的知识。

②公共教育活动。

开展网络素养培训和研讨会，向广大公众（包括儿童、家长、老年人和企业员工等）普及网络安全知识。

③在线资源。

提供免费的在线网络素养资源，包括教育视频、文档和互动教材，以帮助个人和组织提高网络安全意识。

（2）法治意识普及。

①法律教育。

在学校和社区开展法律教育项目，帮助人们了解法律的基本原则、权利和责任，包括与网络空间相关的法律。

②宣传和媒体。

通过各种渠道，如广播、电视、社交媒体和宣传活动，普及法治意识，强调法律对于社会稳定和秩序的重要性。

③法治培训。

为执法人员、法官和律师提供法治培训，以提高他们的法律专业素养和能力，更好地维护网络空间的法律秩序。

（3）政府政策和法律法规。

①制定网络安全法律法规。

确保法律法规能够覆盖网络空间的各个方面，涵盖网络犯罪、数据隐私和网络言论自由等问题。

②鼓励自律和行业规范。

与行业协会合作，鼓励企业和组织建立自律机制并进行最佳实践，确保他们在网络空间中遵守法律。

（4）国际合作。

①参与国际网络安全倡议。

积极参与国际网络安全合作，分享经验和信息，制定全球性的网络安全标准和准则。

②执法合作。

与其他国家的执法部门合作，共同应对跨国网络犯罪，加强国际网络犯罪调查和起诉力度。

（5）监管和执法。

①加强监管。

加强对互联网服务提供商和在线平台的监管，确保他们遵守法律法规，打击不法行为。

②严惩违法行为。

通过法律手段，对网络犯罪分子进行严厉打击，确保违法行为受到应有的惩罚。

通过以上措施，可以提高人们的网络素养，普及法治意识，从而更好地保护自己的权益，维护网络空间的安全和秩序，促进国家的网络强国建设。

4. 建立完备的业务框架，加快推进技术规范建设，完善网络空间安全及网络数据保护体系

利用互联网技术开展网上立法、司法信息共享、智能犯罪侦查、智能司法案件处理等法治科技应用，为依法治网、构建网络强国提供有力保障。

(1) 制定全面的网络安全法规。

建立包括网络安全法律法规、标准和指南在内的全面法律框架，明确网络空间中的各类行为和责任，为网络安全提供法律依据。

(2) 完善技术规范制定。

建立技术标准和规范，以指导网络空间中的各类技术应用和安全措施实施。这些规范可以包括密码学标准、数据加密、身份认证等。

(3) 加强行业自律和合规性要求。

鼓励各行各业建立自律机制，确保企业和组织在网络空间中遵守相关法规和技术标准。监管部门可以对其合规性进行审核和认证。

(4) 建立网络空间安全监管机构。

设立专门的网络空间安全监管机构，负责监督和管理网络空间安全事务，协调政府和私营部门的合作。

(5) 国际合作。

积极参与国际网络空间安全合作，与其他国家分享经验和信息，共同制定国际网络安全标准和准则。

(6) 建设网络安全教育体系。

推广网络安全和网络数据保护的教育和培训，包括培养网络安全专业人才、提供网络安全教育课程和举办研讨会等。

(7) 网络空间演练和测试。

定期进行网络空间安全演练和渗透测试，评估网络系统的弱点并有针对性地采取措施，加固安全性。

(8) 加强网络数据保护。

制定数据隐私保护法规，规范数据的收集、存储和共享，强调用户的数据主权。

(9) 数据加密和存储安全。

加强数据加密技术的研发和应用，确保数据在传输和存储过程中的安全性。

(10) 网络空间安全漏洞修复。

建立网络空间漏洞披露和修复机制，及时修补已知的网络空间安全漏洞。

(11) 网络空间安全意识教育。

推广网络空间安全意识，包括如何保护个人隐私、避免网络诈骗和垃圾邮件等。

通过这些措施，可以建立一个更加完备和健全的网络空间安全体系，维护网络空间的安全和稳定，同时为技术和业务发展提供更可靠的框架。

总之，要依法治网，建立更加完善的网络法律法规体系，推动网络法治科技的发展，严厉查处违法行为，增强网民的法治意识，不断提高网络强国建设水平，形成法治文化，最终实现构建网络强国的宏伟目标。同时，要加强对网络空间的监管，确保网络空间安全。加强用户隐私权保护，完善用户细分市场分析模型，减少捆绑以及不正当竞争行为，并深入开展关于网络空间发展、管理方式和最佳实践的研究，有效防范网络空间安全风险，提升网络空间安全管理质量，从而实现对网络空间安全信息的收集、分析、通报和应急处置。

4.3 加强网络管理， 保障网络空间安全

4.3.1 网络管理概述

1. 网络管理的定义

网络管理指监督、组织和控制网络通信服务，以及信息处理所必需的各种活动的总称。其目标是确保计算机网络的持续正常运行，并在计算机网络运行出现异常时能及时响应和排除故障。网络管理技术是伴随着计算机、网络和通信技术的发展而发展的，两者相辅相成。从网络管理范畴来分类，可分为对网“路”的管理，即针对交换机、路由器等主干网络进行管理；对接入设备的管理，即对内部计算机、

服务器、交换机等进行管理；对行为的管理，即针对用户的使用进行管理；对资产的管理，即统计 IT（Information Technology）软硬件的信息等。

2. 网络管理的对象

在网络管理中会涉及网络的各种资源，主要分为两大类：硬件资源和软件资源。

硬件资源是指物理介质、计算机设备和网络互联设备。物理介质通常是物理层和数据链路层设备，包括网卡、双绞线、同轴电缆、光纤等。计算机设备包括处理机、打印机、存储设备和其他计算机外围设备。网络互联设备包括中继器、网桥、交换机、路由器和网关等。

软件资源主要包括操作系统、应用软件和通信软件。通信软件是指实现通信协议的软件，如 FDDI、ATM 这些网络就大量采用了通信软件保证其正常运行。另外，软件资源还包括路由器软件、网桥软件和交换机软件等。

3. 网络管理的功能

国际标准化组织定义网络管理有五种功能：网络故障管理、网络配置管理、网络性能管理、网络计费管理、网络空间安全管理。

根据对网络管理软件产品功能的不同，又可细分为五类管理，即网络故障管理软件、网络配置管理软件、网络性能管理软件、网络服务安全软件、网络计费管理软件。

（1）网络故障管理。

计算机网络服务发生意外中断是常见的，这种意外中断在某些重要的时候可能会对社会或生产带来很大的影响。但是，与计算机系统不同的是，在大型计算机网络中，当发生失效故障时，往往不能轻易、具体地确定故障所在的准确位置，而需要相关技术的支持。因此，需要有一个故障管理系统，科学地管理网络发生的所有故障，并记录每个故障的产生及相关信息，最后确定并排除那些故障，保证网络能提供连续可靠的服务。

（2）网络配置管理。

一个实际使用的计算机网络是由多个厂家提供的产品和设备相互连接而成的，因此各设备需要相互了解和适应与其发生关系的其他设备的参数、状态等信息，否则就不能有效甚至正常工作。尤其是网络系统常常是动态变化的，如网络系统本身要随着用户的增减、设备的维修或更新来调整网络的配置。因此，需要有足够的技术手段来支持这种调整或改变，才能使网络能更有效地工作。

（3）网络性能管理。

网络性能管理是指评价系统资源的运行状况及通信效率等系统性能。其能力包括监视和分析被管网络及其所提供服务的性能机制，性能分析的结果可能会触发某个诊断测试过程或重新配置网络以维持网络的性能。性能管理收集分析有关被管网络当前状况的数据信息，并维持和分析性能日志。性能管理的功能包括性能监控、阈值监测、性能分析、可视化的性能报告、实时性能监控。

（4）网络计费管理。

当计算机网络系统中的信息资源处于有偿使用的情况下，能够记录和统计哪些用户利用哪条通信线路传输了多少，以及做的是什么工作等。在非商业化的网络上，仍然需要统计各条线路工作的繁忙情况和不同资源的利用情况，以供决策参考。

（5）网络空间安全管理。

计算机网络系统的特点决定了网络安全本身的脆弱性，因此要确保网络资源不被非法使用，确保网络管理系统本身不被未经授权者访问，以及网络管理信息的机密性和完整性。

4. 网络管理的基本属性

对整个网络信息系统的保护是为了网络信息的安全，即信息的存储安全和信息的传输安全等。从网络信息系统的安全属性角度来说，就是对网络信息资源的保密性（Confidentiality）、完整性（Integrity）和可用性（Availability）等安全属性的保护（简称为CIA三要素）。从技术角度来说，网络信息安全与管理的目标主要表现在系统的可靠性、可用性、保密性、完整性、可控性等安全属性方面。

（1）可靠性。

可靠性是网络信息系统能够在规定条件下和规定时间内完成规定功能的特性。可靠性是系统安全的最基本要求之一，是所有网络信息系统的建设和运行目标。网络信息系统的可靠性测度主要有三种：抗毁性、生存性和有效性。

抗毁性是指系统在面对物理破坏和自然灾害时的可靠性。例如，部分线路或节点失效后，系统是否仍然能够提供一定程度的服务。增强抗毁性可以有效地避免因各种灾害造成的大面积瘫痪事件。

生存性是指系统在面对随机破坏时系统的可靠性。生存性主要反映随机性破坏和网络拓扑结构对系统可靠性的影响。这里的随机性破坏是指系统部件因为自然老化等造成的自然失效。

有效性是一种基于业务性能的可靠性。有效性主要反映在网络信息系统的部件失效情况下，满足业务性能要求的程度。例如，网络部件失效虽然没有引起连接性故障，但是却造成质量指标下降、平均延时增加、线路阻塞等现象。

可靠性主要表现在硬件可靠性、软件可靠性、人员可靠性、环境可靠性等方面。硬件可靠性最为直观和常见。软件可靠性是指在规定的时间内，程序成功运行的概率。人员可靠性是指人员成功地完成工作或任务的概率。环境可靠性是指在规定的环境内，保证网络成功运行的概率。这里的环境主要是指自然环境和电磁环境。

（2）可用性。

可用性就是要保障网络资源无论在何时，无论经过何种处理，只要需要即可使用，而不因系统故障或误操作等使资源丢失或妨碍对资源的使用，使得有严格时间要求的服务不能得到及时的响应。可用性是网络信息可被授权实体访问并按需求使用的特性，即网络信息服务在需要时，允许授权用户或实体使用的特性；或者是网络部分受损或需要降级使用时，仍能为授权用户提供有效服务的特性。可用性是网络信息系统面向用户的安全性能。网络信息系统最基本的功能是向用户提供服务，而用户的需求是随机的、多方面的，有时还有时间要求。可用性一般用系统正常使用时间和整个工作时间之比来度量。

此外，可用性还应该满足身份识别与确认、访问控制、业务流控制、路由选择控制、审计跟踪等要求。

（3）保密性。

保密性是指网络中的数据必须按照数据拥有者的要求确保具有一定的秘密性，不会被未授权的第三方非法获知。对于具有敏感性的秘密信息，只有得到拥有者的许可，其他人才能够获得，网络系统必须能够防止信息的非授权访问或泄露，即防止信息泄露给非授权个人或实体，信息只为授权用户使用。保密性是在可靠性和可用性基础之上，保障网络信息安全的重要手段。

（4）完整性。

完整性是指网络中的信息安全、精确与有效，不因人为的因素而改变信息原有的内容、形式与流向，即不能被未授权的第三方修改。它包含数据完整性的内涵，即保证数据不被非法地改动或销毁，同样还包含系统完整性的内涵，即保证系统以无害的方式按照预定的功能运行，不受故意的或者意外的非法操作破坏。

完整性是网络信息未经授权不能进行改变的特性，即网络信息在存储或传输过程中保证不被偶然或蓄意地删除、修改、伪造、乱序、重放、插入等的特性。完整性是一种面向信息的安全性，它要求保持信息的原样，即确保信息的正确生成，以及正确存储和传输。

完整性与保密性不同，保密性要求信息不被泄露给未授权的人，而完整性则要求信息不会受到各种因素的破坏。影响网络信息完整性的主要因素有设备故障、误码（包括传输、处理和存储过程中产生的误码，定时的稳定度和精度降低造成的误码，各种干扰源造成的误码等）、人为攻击、计算机病毒等。

（5）可控性。

可控性是对网络信息的传播及内容具有控制能力的特性。概括地说，网络信息安全与保密的核心是通过计算机、网络、密码技术和安全技术来实现的，其能够保护在公用网络信息系统中传输、交换和存储的消息的保密性、完整性、真实性、可靠性、可用性、不可抵赖性等。

后来，美国计算机安全专家又在安全 CIA 三要素的基础上提出了一种新的安全框架，包括保密性、完整性、可用性、真实性（Authenticity）、实用性（Utility）、占有性（Possession），并认为这样才能解释各种网络空间安全问题。

网络信息的真实性是指信息的可信度，主要是指信息的完整性、准确性和对信息所有者或发送者的身份的确认，它也是一个信息安全性的基本要素。网络信息的实用性是指信息加密密钥不可丢失，丢失了密钥的信息也即丢失了信息的实用性。网络信息的占有性是指存储信息的主机、磁盘等信息载体被盗用，导致信息的占用权丧失。保护信息占有性的方法有使用版权、专利、商业秘密、提供物理和逻辑的访问限制方法，以及维护和检查有关盗窃文件的审计记录、使用标签等。

5. 网络空间安全管理面临的问题

（1）访问权限管理不严密，存在信息泄露的风险。

大数据时代给人们提供便利，互联网技术的优势可以实现网络资源共享，但是在带来方便的同时，也面临着更大的安全管理缺陷，为了防止任意人员都可以访问网络权限，数据访问一般都会设置相应的权限管控，避免一些不良人员借助访问记录随意浏览、删减以及修改数据。然而，随着数据时代不断发展，人们对于信息技术的需求也在不断增高，传统的网络权限管控已经不能满足人们大量的访问需求，由于工作量过多，再加上管理人员对权限管理缺乏重视，导致用户的浏览和访问记录大多暴露出来，危险分子便根据这些网络漏洞乘虚而入，破坏了互联网原有的安全管理，影响着网络空间安全管理质量和效率。

（2）网络的开放性使得网络病毒泛滥。

大数据时代背景下，人们对信息技术的依赖度越来越高，为了满足大量用户对资源共享以及网络技术的需求，很多软件开发者或者管理者都会将网站、软件以及系统开放大量的对外节点，黑客正好抓住这一漏洞，根据对外节点顺藤摸瓜，从而对一些网站或者软件进行攻击，降低了网络环境的安全系数。现阶段为了防止黑客的攻击，有很多杀毒软件以及软件防火墙走入人们的世界，给网络空间安全管理提供了一定的技术支持，但是由于系统自身复杂度高，各种黑客工具又频频进步，导致黑客攻击越来越泛滥，这些杀毒软件和软件防火墙无法对网络空间安全起到良好的保护作用。因此，网络空间安全管理面临着更大的压力和挑战。

（3）用户缺乏网络空间安全意识。

随着计算机、手机及平板等电子设备的普及，越来越多人使用手机、平板进行网上办公、交友以及娱乐等，但是大部分用户只热衷于体会互联网带来的快乐，却对网络空间安全缺乏重视。如微信、淘宝、QQ、抖音等常用软件，在账户密码和安全操作方面都存在一定的风险，导致本就脆弱的计算机和手机缺乏防护，使得一些黑客攻击行为更加猖獗，系统无法正常抵御病毒。另外，还有一些网络用户不按照正规流程操作，浏览一些非正规以及风险系数高的网站，导致大量的病毒入侵手机或者计算机，进而泄露个人信息。

（4）系统自身存在安全隐患。

为了满足用户不同层次的需求，电子产品一直在更新换代，并且功能也越来越多。互联网技术的不断进步，使得各种软件和硬件也需要兼顾功能，才能保证系统的稳定性和安全性，但是在实际软件的升级和运用过程中还存在很多系统漏洞。由于这是系统自身的漏洞，因此即使用户安全意识再高，系统也有可能达不到用户的安全需求，以致出现很多信息丢失或者泄露现象。

4.3.2　网络空间安全管理控制措施

1. 网络运行状态监测方法

网络状态监测指的是通过管理一个复杂的计算机网络，确保其稳定正常运行，合理分配资源，当出现网络故障时尽可能地发现故障和修复故障，使之具有最高的效率和生产力的过程。首先要收集网络中设备和工作参数、运行状态信息；其次处理收集到的各种信息，并以各种各样的、可视化的方式呈现给网络管理人员；最后接收网络管理人员的指令，实施网络控制，保证网络设备按照设定的目标工作。

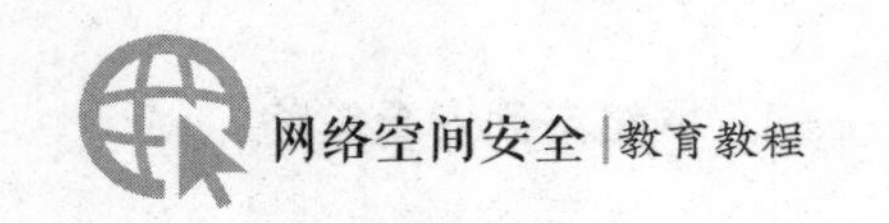

目前网络监测系统大体都分为四个部分：管理员（Manager）、管理代理（Agent）、管理信息数据库（MIB）、网络管理协议（Protocal）。

管理员是负责网络监测的主体，是整个网络监测系统的核心，负责调控整个系统运转。其需要定期收集代理的设备信息，用于监测网络设备、部分网络以及整个网络运行状态。

管理代理是通常存在于网络设备（包括路由器、交换机、主机）中的软件，作用是获取本地设备的运行状态、设备性能等相关信息，并将管理员所需信息返回。另外，当被管设备出现突发事件时，也能主动将异常信息发送到管理员设备。

管理信息数据库实质是一个存储在管理对象存储器上的数据库，里面包含设备的数据通信信息、设备性能、安全信息等。其将这些数据送往管理者设备，是采集信息的主体。

管理协议是在管理员与管理代理之间所使用的网络管理协议（如 SNMP），它们支持共同的数据库（如 MIB）。通过管理协议，能够保证通信双方传递的数据与实际运行数据一致。

网络监测体系结构是网络监测系统的组成部件和结构，各个组成部分的联系与工作方式如图 4-1 所示。管理员是整个系统的核心，一般设定网络中一台主机为管理员，管理代理可以有多个，位于不同的设备上，如路由器、交换机、主机等。代理设备监测本设备的工作情况及各个接口的网络情况，并收集信息。管理员定期轮询各个被管设备以获得网络状态信息，监测网络状态并采取措施。为了使监测工作正序运行不至于每次监测都需采集信息，管理设备和被管理设备还各自需要维护自己的数据库。管理设备数据库存储全局网络设备参数，被管设备数据库存储本节点的参数。

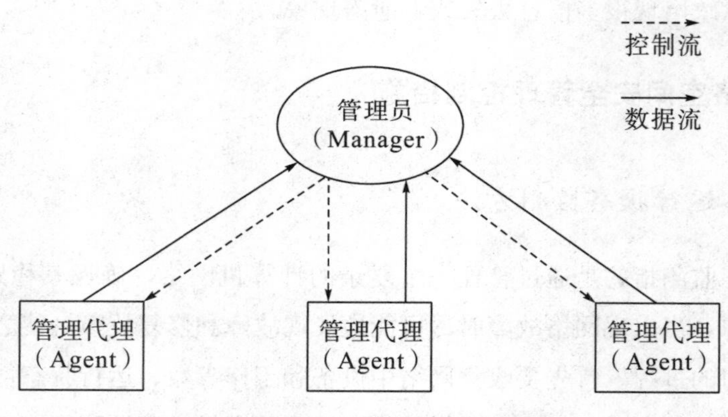

图 4-1　网络监测体系结构

2. 安全防护措施

计算机通信的运行和正常发展不但需要硬件的基础设施保障，而且需要操作者能够正常地操作机器，科学、有序地开展通信。但是我们看到，由于计算机通信尤其是网络通信处于发展的初级阶段，很多单位或企业的计算机网络通信并非由专业人员负责，由此带来的管理和使用上的安全问题屡见不鲜。例如，倘若计算机网络通信的使用者没有按照安全步骤进行操作，那么很可能导致通信资源和信息的泄露。再如，在日常的计算机网络通信的管理过程中，如果没有一整套完整科学的管理计划和方案，那么整个管理工作很容易陷入混乱，最终导致计算机通信秩序不畅、程序不严、通信瘫痪。因此，在计算机通信应用逐日发展的今天，加强相关的管理和规范使用是十分必要的。

（1）加强通信设备和硬件的管理与保护。

前面已经提到，计算机通信的顺利开展必然有赖于正常设备、硬件的良好运行。举例来说，无论是计算机的主机出现故障，还是通信电缆断裂导致线路不通畅，整个计算机通信都无法正常开展，这是“牵一发而动全身”的事情。因此，加强对计算机设施、通信设备及其相关硬件的管理、维护和保养，应该是防止计算机通信安全问题出现的必要措施。具体来说，要对所有的硬件设备和设施进行有效的记录，及时、定期地进行检查，对于存在安全隐患和障碍的硬件设备，必须立刻进行更换、整改或调配，使之能够保证通信的顺畅进行。

（2）采取多种措施防范网络攻击。

计算机开展网络通信必然要和开放性极强的网络环境发生联系，在此过程中产生的安全问题以网络攻击为典型代表。网络攻击往往使得计算机通信数据丢失、系统崩溃，会造成极大的损害。因此，必须针对各种各样的网络攻击采取相应的防护措施。例如，使用防火墙技术、身份验证技术、杀毒技术、入侵检测技术、身份控制技术等，对通信的全过程进行有效的监控和监测，对出现的安全隐患及时进行处理。计算机设备和通信硬件设施要及时地安装杀毒软件，并定期开展检测和杀毒，对出现的病毒、漏洞，要立刻进行处理。同时，杀毒工具、软件要及时更新，保证其具有“杀伤力”。

（3）加强安全管理和规范使用，提升通信安全级别。

无论是企事业单位还是其他部门使用的计算机通信技术，都要与科学的管理和规范的使用有机地结合起来，形成井井有条的管理机制，保证计算机通信的安全运行，规避一切安全隐患和问题。例如，要建立健全计算机通信的安全规章制度，一切操作和使用都要严格遵循制度来进行。要形成一整套行之有效的安全防护制度，对各类问题及时处理。同时，要建立完善的安全应急响应机制，把出现的安全问题归集并进行妥善处理。对于经常发生的由网络攻击而导致的信息丢失、资源泄露的问题，要建立相应的备份管理制度，形成有序的安全组织体系。

4.3.3 网络空间安全监测与预警

1. 网络空间安全监测预警概述

网络空间安全监测预警，是指采取技术手段对网络系统进行实时监控，从而掌握网络的全面运行情况，发现网络空间安全风险，并在风险蔓延造成实际危害之前，通过对网络空间安全监测所获得的信息进行全面分析和风险评估，及时向有关部门和社会发出警示的活动。网络空间安全监测预警是有效管控网络空间安全事件的重要举措。

《信息安全技术 网络空间安全监测基本要求与实施指南》规定，按照监测目标的不同，网络空间安全监测分为以下四类。

信息安全事件监测：对可能或正在损害监测对象正常运行或产生信息安全损害的事情，按照信息安全事件分类、分级要求进行分析和识别。

运行状态监测：对监测对象的运行状态进行实时监测，包括网络流量、各类设备和系统的可用性状态信息等，从运行状态方面判断监测对象信息安全事态。

威胁监测：对监测对象的安全威胁进行评估分析，发现资产所面临的信息安全风险。

策略与配置监测：按照监测对象既定的安全策略与相关设备或系统的配置信息进行核查分析，并评估其安全性。

网络空间安全监测和预警的意义在于可及时发现并应对已经存在或即将出现的网络空间安全风险和威胁。监测和预警可以在网络出现异常或有风险时做出及时快速的反应，这有助于降低网络空间安全风险，保障网络空间安全。

在实践中，网络空间安全监测和预警建设除了需要专业技术之外，更需要各方的协作与支持。企业、政府、社会组织应加强合作，完善需求管理和信息共享机制，建立网络空间安全信息共享平台，促进形成全社会共同协作的网络空间安全治理格局。

2. 建立监测预警与应急处置制度

构建完善的信息网络空间安全监测预警机制可以给我们提供更加安全的网络环境，那么我们可以从以下几个方面建立网络监测预警与应急处理制度。

（1）风险评估：进行全面的网络空间安全风险评估，分析组织面临的威胁和目前的漏洞。这包括评估网络基础设施、系统和数据的安全性，以识别潜在漏洞和风险。

（2）策略和计划：制订明确的网络空间安全策略和应急计划。策略应该明确阐述监测预警机制的建立，以及明确的应急处置流程和责任分工。

（3）监测系统部署：选择适合组织的网络空间安全监测系统，并进行有效部署。这些系统可以监控网络流量、异常活动、入侵尝试等，及时发出预警通知。

（4）预警机制建立：建立完善的网络空间安全预警机制，包括对预警级别和处理流程的确定。明确触发预警的事件类型、预警信息的收集和分析方式，并确保及时通知相关人员。

（5）应急处置流程：明确应急处置的流程，包括事件报告、调查、恢复和事后分析等步骤。确保团队成员熟悉流程，并进行定期演练和培训。

（6）合规和法律要求：确保网络空间安全监测预警与应急处置制度符合适用的法律法规和合规要求。了解数据隐私、通知披露等方面的要求，确保制度符合相关规定。

（7）持续改进和演进：网络空间安全领域不断发展，持续改进至关重要。定期审查和更新制度，跟踪新威胁和安全技术，保持与最新安全趋势同步。

建立网络空间安全监测预警与应急处置制度是一个系统性工作，需要制订全面的计划并按部就班地执行。

4.4　做好数据备份，防护网络空间安全

4.4.1　数据备份的基本概念

1. 数据备份

数据备份是指将系统的全部数据通过某种策略加以保留，即从计算机系统的存

储介质复制到其他存储介质，以便在系统遭到破坏时，得以重新利用的一个过程。数据备份的目的是保证系统的可用性和数据的安全性，防止由于自然灾害、人为失误或者系统出现的某种障碍而导致系统数据丢失，以便在系统需要时能够重新恢复和利用。数据备份是存储领域的一个重要组成部分，通过数据备份，一个存储系统乃至整个网络系统，完全可以回到过去的某个时间状态，或者重新“克隆”一个指定时间状态的系统，只要在这个时间点上，我们都有一个完整的系统数据。

网络中分布着越来越多的数据，在这个信息社会，数据已经成为信息系统的关键，然而计算机数据在使用过程中存在损坏、丢失或被盗的风险，这些状况可能会使计算机不能正常工作，甚至导致整个系统崩溃，给我们造成无法估量的损失。为了不影响工作或者减少损失，我们一般通过先进有效的备份技术保留用户甚至整个系统的数据，当系统工作不正常时，我们可以通过备份恢复工作环境。在网络环境中，数据备份是一项基本的网络管理工作，也是保护数据的最后一道防线，避免用户信息泄露及产生不必要的经济损失，对人们有着非常重要的作用。

作为一种信息管理方案，数据备份是为了提高计算机数据的安全性，以保证计算机系统的正常工作，避免给用户造成不必要的损失。数据备份可以较好地把数据完整地保护起来，当信息系统的数据出现问题时，就可以通过恢复手段在最短时间内进行复原，保证工作的正常进行。

2. 数据备份的作用与意义

随着计算机的普及和信息技术的进步，特别是计算机网络的飞速发展，信息安全的重要性日趋明显，但是，作为信息安全的一个重要内容——数据备份的重要性却往往被人们忽视。我们在使用计算机时，只要发生数据传输、数据存储和数据交换，就有可能产生数据故障。这时，如果没有采取数据备份和数据恢复手段与措施，就会导致数据的丢失，有时造成的损失是无法弥补的。

数据故障的形式是多种多样的。通常情况下，数据故障可划分为系统故障、事务故障和介质故障三大类。从信息安全的角度出发，实际上第三方或敌方的“信息攻击”，也会产生不同类型的数据故障，例如计算机病毒型、特洛伊木马型、“黑客”入侵型、逻辑炸弹型等。这些故障将会造成的后果有：数据丢失、数据被修改、增加无用数据及系统瘫痪等。作为系统管理员，要采取各种措施维护系统和数据的完整性与准确性。通常采取的措施有：安装防火墙，防止“黑客”入侵；安装防病毒软件，采取存取控制措施；选用高可靠性的软件产品；增强计算机网络的安全性。但是，世界上没有万无一失的信息安全措施。信息世界“攻击和反攻击”也永无止境。对信息的攻击和防护好似矛与盾的关系，总是呈螺旋式地向前发展。

在信息的收集、处理、存储、传输和分发中经常会存在一些新的问题，其中最值得我们关注的就是系统失效、数据丢失或遭到破坏。威胁数据的安全，造成系统失效的主要原因有以下几个方面：硬盘驱动器损坏、人为错误、黑客攻击、病毒、自然灾害、电源浪涌、磁干扰等。

因此，数据备份与数据恢复是保护数据的最后手段，也是防止主动型信息攻击的最后一道防线。

3. 备份内容

数据中心包含一个企业几乎所有的信息系统，但并不是所有的数据都要进行备份，要区分清楚哪些数据需要备份。

首先，有的数据与科研生产密切相关，这些数据一旦丢失，将影响科研生产正常运行，如数据库数据、操作系统数据、文件系统数据等。其次，信息系统原始的配置参数信息，即如果信息系统崩溃，关键时候可以用来进行系统恢复的数据，如原始安装文件、配置参数等。此外，备份系统本身的配置信息、调度信息和介质信息也需要再备份，这些数据关系到备份作业的运行状态，一旦备份系统出现故障，可通过这些数据进行分析和恢复，如备份系统日志文件等。

4. 备份角色

备份角色一般包括备份系统管理人员、应用系统管理人员和数据库管理人员，其中，应用系统管理人员负责提出数据备份的需求申请，包括备份内容、备份启动窗口及备份数据保留期限等，同时，配合备份系统管理人员分析处理备份异常问题。

数据库管理人员负责提供数据库备份脚本，通过备份系统调用实现数据备份，同时配合备份系统管理人员分析处理数据库备份异常问题。备份系统管理人员根据已沟通确认的备份需求，结合实际备份资源情况，制定备份策略，包括备份启动窗口、备份频率、备份级别等，同时，负责监控备份任务日常运行情况，对备份异常情况进行处理，必要时，需要联合应用系统管理人员和数据库管理人员一起进行故障处理。

应用系统管理员、数据库管理员和备份系统管理员需要相互配合制定恢复方案，对备份数据进行恢复测试，校验备份数据的有效性，包括恢复对象、恢复方式、恢复时间点等，由备份系统管理员负责执行数据从备份存储到应用存储的恢复操作，由系统管理员或数据库管理员执行备份数据到应用系统的恢复操作。

4.4.2 数据备份的主要技术路径及应用

1. 网络空间安全领域常用的数据备份技术

（1）网络备份。

网络备份技术主要是通过专用服务器对计算机的数据进行备份，通过用户的计算机，将数据传输到需要备份的主机，专用服务器通常都拥有较大的容量，可以实现数据的大量备份。采用网络备份技术一方面可以使计算机数据库的安全性得到有效提升，另一方面也方便管理和使用，使得这项技术的使用频率非常高。可以针对不同的计算机数据用途和数量分别进行差异备份和增量备份，这使得计算机的管理有了更加便利的条件。

（2）SAN 备份。

SAN 备份技术相比于网络备份技术更加灵活方便，它通过磁盘阵列将前端服务器和光纤接口连接起来，组成 SAN 备份，使计算机数据备份管理有了一个集中的平台，可以保障计算机数据的安全，使用户的计算机数据能够实现存储和共享。用户可以远程实现对数据的实时使用和控制，这项技术不需要通过服务器即可实现对数据的自动备份和循环备份。

（3）数据远程复制备份。

数据库是计算机系统的核心组成部分，同时也是保证各项工作得以高效开展的基础。用户的计算机数据库可能会受到自然灾害、病毒以及黑客等因素的影响，而导致数据丢失、被盗和损坏，这种威胁所造成的损失是不可逆的。数据库中的数据可以借助远程备份和复制技术来得到保护。数据远程复制备份技术就是对数据库中的数据进行自动复制，使其和原来的数据库保持一致，以实现对计算机数据的复制备份控制。一旦原来的数据库被破坏，可利用备份数据库及时修复，为计算机系统安全、高效的工作提供基础保证。

（4）基于存储介质的数据复制。

其指通过存储系统内构建的固件或操作系统、IP 网络或光纤通道等传输介质连接，将数据以同步或异步的方式复制到远端，从而实现对生产数据的灾难保护。复制备份技术基于存储磁盘列阵之间的直接镜像，既能通过存储系统内部的固件完成数据复制备份，也可以利用操作系统来实现数据复制备份。如利用 IP 网络或者光纤等传输界面连接，可将数据以同步或者异步的方式直接复制到远端或者云端。

要想实现此类数据备份，则需要同等存储品牌、同等型号的存储系统控制器，还需要延迟非常低的大宽带支撑。在基于存储磁盘列阵的复制备份中，复杂软件运行在某个或者多个存储控制器上，非常适合拥有大量服务器的环境，这是因为其拥有独立的操作系统，能够很好地支撑Windows和基于Unix的操作系统，无须连接服务器上的任何管理工作，可以直接将复制备份工作交给控制器来完成，从而解决服务器性能开销过大的问题，降低数据复制备份的成本。

总之，数据安全性问题在网络发展的同时也越来越突出，病毒、故障以及操作错误等因素时时刻刻在威胁着数据的安全。数据备份系统成为保证信息数据安全的重要因素，数据备份是一种安全策略，作为能够保护数据安全的有力措施，已经成为信息安全领域的重要研究方向。

2. 数据备份的策略

（1）完全备份。

完全备份的概念就是对需要进行备份的数据每天完成全备份，备份的数据包括用户数据和系统数据两大部分，当数据发生丢失的时候，可以应用完全备份进行数据恢复，但是完全备份占磁盘设备较多，数据量也较大，备份时间较长，如果每天都进行完全备份，会导致备份数据中存储大量的重复内容，所以，这种备份方式通常只在备份初期采用。

（2）增量备份。

增量备份是每次备份的数据只是上一次数据备份后增加数据和修改数据的内容，这种备份方法没有大量重复备份数据，不但缩短了备份的时间，还节约了备份数据的存储空间。但增量备份的可靠性较差，只适合用于已经完成全量备份后的后续数据备份工作。

（3）差量备份。

差量备份是指进行备份的数据是对于前一次完全备份之后增加的新数据或者修改的数据，计算机管理者一般会在每周的最后一天对系统进行一次完全备份，在后续几个工作日内，计算机管理员再将每日的数据与最后一天备份的不相同的数据进行差量备份。差量备份与完全备份相比较来说所需要的时间较短，节约的存储空间较多；差量备份与增量备份相比较来说数据恢复起来更加方便，计算机管理员只需要完全备份和一次差量备份的数据，就可以将计算机的所有数据完全恢复，这种方式也更加适用于进行完全备份之后的后续备份工作。备份策略对比如表4－1所示。在实际使用过程中，完全备份和增量备份使用得最多。

表 4-1　备份策略对比

	完全备份	增量备份	差量备份
优点	保证了数据完整性，恢复起来最方便，只需要一份最近时间的全部备份数据就可以对系统进行完全备份	因为只是对上一次备份后发生变化的数据进行备份，因此重复数据少，备份所需时间也较少	占用的存储空间比完全备份的少，恢复数据比增量备份方便，需要的时间较少
缺点	系统工作量大，需要的时间也比较多，另外，因为多次对所有数据进行备份，系统会出现大量重复数据，占用的硬盘空间太大	每次都需要进行增量备份，系统的备份份数较多，所以，可靠性不高；此外，恢复数据所需时间较多	每次都需要记录完全备份后各个更新点的信息，备份过程中不清除归档位，有可能重复备份文件

3. 数据备份在网络中的应用

（1）图书馆网络空间安全的应用。

当前是一个网络技术飞速发展，信息量不断增长的时代，图书馆网络所包含的各种数据资料越来越多，如果发生数据丢失或者损坏，必然会给图书馆带来不可弥补的损失，同时，图书馆数据库网络还时刻受到病毒、木马、间谍软件和一些自然灾害的威胁，这些情况的发生都有可能给图书馆数据资源造成一定程度的破坏，甚至是无法恢复的。为了在突发情况出现时能够将数据资源损失降到最低，就必须有相应的数据备份策略，如果图书馆网络受到攻击和威胁，发生了数据丢失，则需要能够在最短时间内、花费最小的代价将所有数据从备份系统中恢复过来，从而降低数据丢失的可能。

（2）电子政务网络空间安全的应用。

电子政务网络对于数据备份提出的要求较高，电子政务系统标准明确指出，一个完整的电子政务解决方案系统必须具备完善的数据备份系统，从而确保业务数据的安全。由于电子政务网站所受理的业务每天都会产生巨大的数据资源，计算机系统存储的重要数据就会越积越多，一旦遭受网络病毒或间谍软件的攻击和威胁，数据的丢失量将是巨大的，这些损失是无法恢复也无法弥补的，其中包括很多重要的政务保密数据，有可能会给今后的政务业务处理工作带来一定的困难。因此，电子政务网络需要建立安全可靠的数据备份系统，能够使大量的数据备份资源存储在比较安全的磁盘中，从而提高整个系统的安全性和可靠性。

4.5 推进国际合作，确保网络空间安全

4.5.1 网络空间国际合作概述

随着信息技术的迅速发展，网络空间已经成为国际社会不可或缺的一部分，对全球政治、经济、社会和文化产生了深远的影响。为了应对网络空间中的各种挑战和机遇，国际社会应积极开展网络空间国际合作。

网络空间是一个包括互联网、计算机网络、数字信息和数据流动等元素的虚拟领域，它跨越国界，影响着全球各个层面的活动。网络空间国际合作是指各国为维护网络空间的安全、稳定和可持续发展而采取的合作措施。

网络空间国际合作的一个重要方面是制定和遵守国际法律和规则。各国签署了多个国际公约和协议，包括《联合国国际电信条例》和《网络犯罪公约》等，以促进网络空间的安全和合法使用。

网络空间国际合作的一个核心领域是网络空间安全。各国应合作应对网络攻击、恶意软件、网络犯罪和信息泄露等威胁，共同建立网络防御机制，确保网络基础设施的可靠性和安全性。

总之，网络空间国际合作是应对网络空间挑战的关键因素，涉及多个领域。随着技术的不断进步，国际社会需要不断加强合作，以确保网络空间的可持续和和平利用，促进全球繁荣和稳定。

国际社会已经建立了多个组织和倡议来推动网络空间国际合作。

1. 信息社会世界峰会

信息社会世界峰会（World Summit on the Information Society，WSIS）是各国领导人参加的与信息社会建设相关的会议，会议目标是建设一个以人为本、具有包容性和面向发展的信息社会。信息社会世界峰会最初于 2001 年由联合国大会通过决议设立。在 2001 年 12 月 21 日，联合国大会通过决议，采纳了国际电信联盟（International Telecommunication Union，ITU）的倡议，决定举办信息社会世界峰会。

在互联网治理方面，信息社会世界峰会秉承的原则是互联网已发展成为面向公众的全球性设施，其治理应成为信息社会日程的核心议题。互联网的国际管理必须

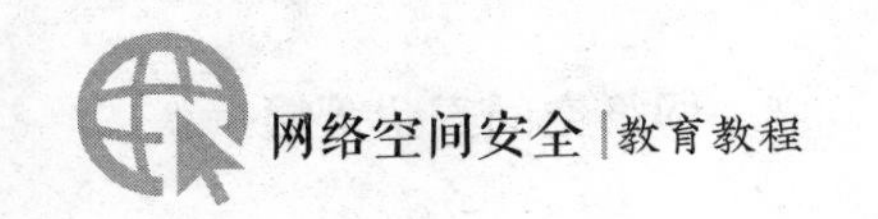

是多边的、透明的和民主的，并有政府、私营部门、民间团体和国际组织的充分参与。互联网的国际管理应确保资源的公平分配，促进普遍接入，并保证互联网的稳定和安全运行，同时考虑语言的多样性，建设以人为本的互联网社会，提倡包容消除歧视。针对影响互联网安全的相关恐怖主义、网络犯罪、垃圾邮件等具体问题，提倡由国家间、政府间、非政府组织开展共同合作来实现对互联网的治理，并重视发展中国家平等参与互联网治理的机会，制定有关域名分配、互联网资源协调使用和管理、互联网安全等方面的公共政策及其他相关政策。

2. 联合国互联网治理工作组

目前，各国政府首脑都认识到了互联网的重要性，但对互联网的治理方式存在比较明显的意见和分歧，因此，由 40 位来自政府、私营部门和民间团体的成员组成的联合国互联网治理工作组（Working Group on Internet Govemance，WGIG）于 2004 年 11 月 11 日宣布成立。WGIG 需通过和各国政府协调，共同处理互联网治理相关的事务。

3. 互联网治理论坛

互联网治理论坛（Internet Governance Forum，IGF）成立于 2006 年 11 月，是联合国根据信息社会世界峰会的决定设立的探讨互联网治理问题的开放式论坛，秘书处设在瑞士日内瓦。近年来，IGF 每年都会召开会议，讨论互联网治理中出现的新问题，应对互联网治理的新挑战。

4.5.2 网络空间现有的国际规则与技术规范

1. 网络空间现有国际规则

解决网络空间威胁需要各国从多维度积极合作，构建有效的治理之道，管理技术和法律等要素结合是网络空间治理的有效手段，良好的网络运行与治理规制是网络空间治理的重要组成部分。网络空间的国际属性决定了建立全球范围内统一认可的共同规则是网络空间治理的根本，但是由于各国意识形态、宗教、国家制度等诸多因素，当前在网络空间领域国际共同规则的制定面临着诸多困难。

网络空间的规则体系是由法律、公共政策、条约、公约等所确立的一套运行和治理方式。网络空间规则体系自身的制定具有一定的滞后性，但是其不应该长期处于滞后的状态，网络空间规则体系的建设是实现各国维护好网络空间安全的基础，是构建网络空间命运共同体的前提。

当前，网络空间规则的制定主要围绕技术、军事安全和对策三个层面展开博弈。国家间的博弈主要表现为美国与欧洲对互联网主导权的争夺以及美欧与中、俄在治理理念和模式上的对立。

网络空间规则的制定仍然处于“规范兴起”的起始阶段，要达成一项全球范围内认可的网络空间协定还面临诸多困难和挑战，但是，明晰彼此底线并努力寻求共识应该成为推动网络空间规则制定的首要目标和任务。

2. 技术标准、技术规范

当前的相关标准主要聚焦于国际标准组织和国际电信联盟制定的相关技术标准。2020 年 4 月，ISO/IEC 国际标准化组织正式投票通过和发布了国际标准技术报告《信息安全网络安全和隐私保护－ISO/IEC 27001 在特定领域的应用－要求（第二版）》。该报告较为彻底和深层次地剖析与阐述了网络空间安全存在的问题，对网络空间安全提出了全面要求和全新理念。中国专家明确宣示了网络空间的“国家主权和管理权”主张，提出必须用全新的理念、规则协议和技术，构建全球平等、没有战争威胁的网络空间主动安全管理体系。

网络安全技术规范是一种科学的方法，它通过建立相关规范标准，对网络安全问题进行系统的分析、扫描漏洞，从而提供科学的防御手段，增强网络安全保障能力。目前，国内外已经建立了一系列网络安全技术规范，如《信息安全技术网络安全等级保护要求》（GB/T 22239—2008）等。

4.5.3 网络空间国际合作面临的困境

1. 国际社会对于网络主权范围存在分歧

在当前世界各主权国家或者说国际社会分而治之的现实条件下，网络虚拟主权的存在使世界各主权国家在对网络空间进行治理时需要将特定的网络置于自己的主权管辖之下，并在自己的主权范围之内对相关网络行为进行规范、约束和整治；否则，国家的网络空间治理就会缺乏合法性。当前，网络发达国家和网络发展中国家在网络空间有没有主权的问题上存有争议，前者认为网络空间属于“全球公域”，后者认为网络空间具有主权属性。以美国为代表的网络发达国家认为网络空间属于“全球公域”，国家不应当在网络空间中行使主权。然而对于广大发展中国家而言，由于其社会现代化程度相对较低，社会公众的理性水平也比较低，多数主张采取一定措施对网络进行管制，而且一些国家也已经采取了一些切实的行动。此外，为了打破美国对部分核心网络技术的垄断，一些发达国家也主张网络主权的存在，以保护本国信息产业的发展。

当前，为了增加从现有国际网络体系中获得的收益，世界上大多数国家虽然都主张网络主权的存在，并要求对网络空间行使本应属于自己的主权，但由于这部分国家的构成非常复杂，在历史传承、社会文化、政治制度和现代化水平等各个方面都存在巨大差异性，所以这些国家在对诸如自由、权利、公平、正义等核心问题的解读上也必然存在着巨大的差异。而与此同时，由于上述因素的存在，各主权国家的网络参与者在网络空间中也必然会形成各具特色的、多样化的网络文化。其导致的直接结果就是尽管这些国家都主张网络主权的存在，但是却在对国家网络主权的认识上存在一定差异，换言之就是各主权国家在对网络空间治理进程中应该治理什么、采取什么方式治理、对网络空间参与主体的哪些方面需要治理，以及采取什么样的标准进行治理等问题都存在着不同的理解。一般而言，在发展中国家内部，随着国家现代化程度由高到低，主张的国家网络主权范围也通常由小变大。这种在网络主权范围上存在的广泛差异必然使得各主权国家在网络空间治理的国际合作上存在诸多分歧，很难在根本利益追求上达成一致，使得网络空间治理的国际合作难度进一步加大。事实上，各主权国家对网络主权范围宽窄的不同理解和开放程度主要取决于该主权国家对网络空间的技术赋权和制度赋权的保护或者保障程度。网络的技术赋权涉及该主权国家通过技术创新的形式争取和重新分配社会资源，包括注意力、财富、权力、话语权、影响力等。而制度赋权则涉及该主权国家在网络空间赋予每一个公民在何种方面以及何种程度上进行信息获取、交流沟通、社交机会、言语表达、网络交易等的机会和能力。显然，在这些方面，各主权国家是很难达成一致的，所以国际社会在网络主权范围上的分歧必然会影响和制约网络空间治理国际合作框架和运行机制的建立。

2. 网络主权的实现路径存在巨大差异

各主权国家除了在网络主权的认知上存在差异之外，在网络主权的实现路径上也存在巨大差异，因为各主权国家的社会制度是不同的，不同主权国家的人们对于网络主权的认知不同，网络空间治理适用的制度也往往存在差异。为了维护各自的主权，各主权国家之间在制度上必然会呈现出一定程度的相互排斥。网络空间治理的跨国合作需要各主权国家采取相对统一的行动，而相对统一的行动必须以相互衔接或者相同的制度为保障，然而当前国际社会在网络空间治理实践方面的事实是：

一方面，各主权国家在网络空间治理的制度设计上并没有刻意地追求一致性，因而这些主权国家为了自身的利益以及意识形态就需要继续保持本国制度的特殊性，这样就必然使得网络空间治理国际合作由于缺乏合理的制度基础而延缓合作框架建立的进程。另一方面，从各主权国家意识形态网络传递在国家间的效用差异来说，网络传播空间事实上也就是通过现代信息技术和网络通信技术的手段传播意识形态的虚拟空间，人们通过网络传播的信息肯定会在不同程度上带有意识形态的成分。从当前国际社会网络传播的信息角度来看，发达国家由于在经济、政治和文化等方面占有优势致使其在网络信息生产方面也具有绝对优势，因而发达国家多通过大肆宣传他们的政治主张、人生观、价值观等达到对目标国家意识形态渗透的目的，有可能侵蚀目标国家的政治基础以及政府合法性，给目标国家的政治统治带来危险和危机。这些目标国家却通常无法惩治他国的信息传递者，只能通过多种渠道加强对自身网络空间的管控，采取屏蔽或者设置防火墙等技术手段和方法防止一些国外的信息通过网络传递到国内。然而，现代网络的一体性又使目标国家的政府不可能彻底地割断与发达国家之间的网络联系，令本国的网络空间完全独立于其他国家的网络空间而运行，即使目标国家的政府能够做到这一点，其也必然会招致本国公民对于政府限制公民信息自由的批判。由此可见，现有国际网络体系对于各主权国家所具有的效能是存在一定差异的，在一些主权国家成为现有网络体系既得利益者而另一些主权国家成为现有网络体系受害者的现实情况下，各主权国家在网络空间治理方面寻求国际合作并进行协同治理的积极性和目的性就会存在很大差异。

3. 网络空间治理国际法共识存在问题

（1）实践问题。

在法律实践上，部分国家对国际法的扭曲使其在网络空间的治理上执行双重标准，且很多国家所执行的国际法条款已经不再适用于时代发展现状。西方国家认为，在反击因网络攻击导致本国人身、财产损失的行为时，所使用的任何回击手段均属于自卫权范围之内。但这一做法并未在国际法中明确体现，且面临较大争议。网络空间治理的国际法共识需应对部分国家双标问题，以免因过度的“防范”及资源垄断，导致其他国家的网络空间安全甚至国家安全受到威胁。

（2）创新问题。

国际法创新争议主要发生在我国、俄罗斯及西方部分国家之间。以我国为例，我国在处理网络空间安全问题、法律问题时存在特殊性，认为国际法有必要预留一定的灵活范围，即执行专项条约以应对国际法过于统一、宏观的问题。但西方国家提出相反论调，以维护国际法在网络空间治理中的普遍适用性。提出该论调的主要原因是专项条约的执行会对国际法的执行效力产生不利影响。此外，现行的国际法内容多由这部分西方发达国家主张制定，其内容在很大程度上出于维护国家主观利益的考虑，在进行变革和创新时必然面临强烈的阻碍。

（3）当前网络空间国际立法的阻碍因素。

各国对网络立法的不同看法以及各国网络能力的不平衡性阻碍着国际立法。

法律的滞后性、国家对法律的低期望值，以及当前的国际军事斗争形势都会影响网络空间的国际立法。

4.5.4 如何有效开展网络空间安全国际合作

网络空间国际合作战略是国际社会为共同应对网络空间安全挑战而采取的一系列战略和行动计划。这些战略旨在促进各国之间的协作，保护全球数字生态系统的安全和稳定，防范网络攻击和威胁，确保网络空间的和平与可持续发展。以下是一些关键的网络空间国际合作战略：

（1）多边协调。

促进国际组织和多边机构的协调，制定共同的网络安全标准和规则，加强信息共享和情报合作。

（2）双边协议。

签署双边网络空间安全协议，明确各国之间的网络安全责任和义务，共同打击网络犯罪和网络攻击。

（3）威胁情报共享。

建立国际威胁情报共享机制，使各国能够及时共享网络威胁信息，以提高网络安全的警觉性和应对能力。

（4）能力建设。

支持发展中国家的网络空间安全能力建设，包括技术培训、设备供应和人才培养。

（5）国际规范。

参与制定全球网络安全规范和标准，以确保网络设备和技术的安全性，减少网络漏洞和弱点。

（6）联合演习和培训。

举办国际性网络安全演习和培训，提高各国网络安全专业人员的技能熟练度，以更好地应对网络攻击。

（7）预防和响应。

建立国际网络安全紧急响应机制，以协助各国应对网络攻击事件，快速恢复网络服务。

（8）隐私和数据保护。

合作制定国际隐私法律和政策，以确保个人数据在跨境传输和处理中得到妥善保护。

（9）合法网络行为。

明确各国对网络空间的合法和负责任行为的期望，以避免不正当竞争和网络战争的升级。

（10）多利益相关方参与。

鼓励政府、企业、学术界和民间社会等各利益相关方积极参与网络空间国际合作，形成多方合作的生态系统。

网络空间国际合作战略是多层次和多方面的，旨在建立信任、加强协作，共同维护全球网络空间的安全和稳定。这需要各国政府、国际组织和私营部门的积极参与，以共同应对不断演变的网络威胁。

参考文献

[1] 鲍锋. 依法治网，推进网络空间法治化 [J]. 今日海南，2014 (11)：18-20.
[2] 范玉吉，张潇. 网络空间命运共同体理念与网络空间治理 [J]. 西南政法大学学报，2020，22 (3)：105-116.
[3] 冯艳. 短视频火爆现象成因及存在问题的思考 [J]. 电影评介，2020 (13)：95-99.
[4] 耿贵宁，张格莹，刘丽. 美欧俄网络空间安全战略与政策发展趋势研究 [J]. 网络空间安全技术与应用，2021 (10)：180-182.
[5] 过佳敏. 新时代网络空间安全服务能力体系建设思路 [J]. 数字通信世界，2023 (1)：132-134.
[6] 黄荣丽，王大鹏. 科普短视频的现状与发展趋势刍议 [J]. 科普创作评论，2022，2 (1)：12-18.
[7] 黄志雄. 筑牢网络空间治理的主权基石 [J]. 中国信息安全，2021 (11)：66-68.
[8] 蒋丽，张小兰，徐飞彪. 国际网络空间安全合作的困境与出路 [J]. 现代国际关系，2013 (9)：52-58.
[9] 李彬彬. 浅谈家用无线路由器安全及措施 [J]. 科技展望，2015，25 (21)：19-30.
[10] 李贺. 探讨关键信息基础设施安全必要措施 [J]. 网络空间安全和信息化，2021 (12)：113-114.
[11] 李京春. 对关键信息基础设施保护的新思考 [J]. 中国信息安全，2021 (9)：32-35.
[12] 李素芳. 网络空间命运共同体思想探析 [J]. 公关世界，2022 (8)：169-170.
[13] 李雪松. 交换机维护与故障排除 [J]. 黑龙江科技信息，2015 (17)：1.
[14] 梁艳. 电视媒体在短视频平台提升国际影响力研究 [J]. 中国广播电视学刊，

2021（12）：46—48.

［15］林琳．国内外信息安全现状研究分析［J］．信息安全与技术，2015，6（9）：64—66.

［16］刘蓓．国内外关键信息基础设施安全保护现状综述［J］．信息安全研究，2020，6（11）：1017—1021.

［17］刘芙．人工智能在计算机网络技术中的应用［J］．电子元器件与信息技术，2021，5（12）：184—185.

［18］刘晗，叶开儒．网络主权的分层法律形态［J］．华东政法大学学报，2020，23（4）：67—82.

［19］刘振华．探讨大数据视域下的网络空间安全课程教学改革创新［J］．江西电力职业技术学院学报，2022，35（3）：52—54.

［20］罗一民，贺金兰，滕丽萍，等．网络不良信息监控研究［J］．网络空间安全技术与应用，2017（6）：149—150+158.

［21］莫怀海，李晓东．Web 渗透测试信息收集技术研究［J］．通讯世界，2019，26（3）：33—34.

［22］彭晓，牟健君，洪超．加强关键信息基础设施建设　筑牢金融网络空间安全之基［J］．中国金融电脑，2021（12）：28—32.

［23］盛文楷，肖光荣．网络空间国家主权研究的回顾与思考——兼论结构功能主义分析框架的应用［J］．中国矿业大学学报（社会科学版），2020，22（2）：145—160.

［24］唐波．网络技术发展对计算机及信息技术的影响［J］．数字通信世界，2021（7）：165—166+170.

［25］王春晖．维护网络空间安全——中国网络安全法解读［M］．北京：电子工业出版社，2018.

［26］王莉，李启东．科普短视频的创作类型与传播特征分析［J］．地质论评，2021，67（S1）：243—244.

［27］王顺业．美国网络空间安全战略的演变与启示［J］．江西警察学院学报，2019（5）：61—70.

［28］王卓，宋圣，于江，等．2022 年中国网络空间安全产业十大创新方向［J］．中国信息安全，2023（2）：36—40.

［29］魏英哲．从多国网络空间安全协作看网络空间国际合作新趋势［J］．中国信息安全，2016（10）：31—34.

[30] 肖佳妮. 新时代网络空间命运共同体构建路径探析 [J]. 广西质量监督导报，2021（5）：8－10.

[31] 杨国锋. 国内外信息安全研究现状及其发展趋势 [J]. 网络空间安全技术与应用，2019（5）：1－2.

[32] 杨利鸿. 网络空间安全与网络信息加密技术 [J]. 电子技术与软件工程，2020（11）：242－244.

[33] 杨嵘均. 论网络虚拟空间对国家安全治理界限的虚拟化延伸 [J]. 南京社会科学，2014（8）：87－94.

[34] 姚尧. 计算机网络空间安全技术的应用 [J]. 电子技术与软件工程，2022（17）：30－33.

[35] 尹丽波. 世界网络空间安全发展报告（2016—2017）[M]. 北京：社会科学文献出版社，2017.

[36] 尹迅，贾若. 动画元素在科普类短视频中应用的 SWOT 研究 [J]. 新闻传播，2021（20）：30－31.

[37] 张东其. 现代计算机网络技术与应用 [J]. 时代汽车，2021（17）：40－41.

[38] 张光华，张冬雯，张晓明. 产教融合背景下的网络空间安全创新人才培养模式研究与实践 [J]. 中国多媒体与网络教学学报（上旬刊），2021（12）：92－95.

[39] 张刻铭. 大数据背景下网络空间安全问题及其对策分析 [J]. 网络空间安全技术与应用，2023（3）：55－57.

[40] 赵宏瑞，李树明. 网络主权视阈下数据安全的法治观察 [J]. 湖北经济学院学报（人文社会科学版），2023，20（2）：85－90.

[41] 赵文文，倪宏伟. 人工智能时代网络空间安全的刑法保护研究 [J]. 法制博览，2023（2）：46－48.

[42] 赵云. 网络空间命运共同体与网络主权理念的辩证统一 [J]. 中国信息安全，2021（11）：75－76.

[43] 周学峰. 管辖权视角下国家主权在网络空间的体现 [J]. 中国信息安全，2021（11）：77－79.

[44] 朱波. 依法治网　让互联网更好地造福世界 [J]. 中国职工教育，2016（1）：68－72.